Lecture Notes in Mathematics V
ISBN 978-3-540-06791-7 © Springer-Verlag Berlin Heidelberg

Max-Albert Knus and Manuel Ojanguren

Théorie de la Descente et Algèbres d'Azumaya

Errata

Nous ne corrigeons que les fautes qui ont trait aux mathématiques.

page 15, ligne 6:	remplacer $Hom_{A_1 \otimes A_2}(M_1 \otimes N_1, M_2 \otimes N_2)$ par $Hom_{A_1 \otimes A_2}(M_1 \otimes M_2, N_1 \otimes N_2)$
page 18, ligne 8:	remplacer le deuxième $\bigcup$ par $\bigcap$
page 25, lignes 4 et 3 du bas:	remplacer "Puisque F est plat sur R, ..." par "On a $F = \Phi(P \otimes F) = \Phi(P \otimes 1)F = \Phi(P)F$."
page 30, ligne 4 du bas:	remplacer "Pour tout S-module N" par "Pour tout R-module N".
page 31, lignes 3 et suivantes:	remplacer le début de la démonstration par: Démonstration: Pour simplifier, notons $S^{(k)} = S \otimes \cdots \otimes S$ (k facteurs). Puisque S est fidèlement plate, il suffit de montrer que la suite obtenue en remplaçant N par N_S est exacte. Montrons cette exactitude en $N_S \otimes S^{(k)}$, $k \geq 1$. Soit $\sum n_j \otimes s_{1j} \otimes \cdots \otimes s_{kj} \in Ker(1 \otimes \Delta^+_{k-2} \otimes 1)$, où les $n_j \in N_S$. On a ...
page 62, ligne 12 du bas:	remplacer "automorphisme" par "automorphisme γ".
page 65, ligne 15:	remplacer 6.5 par 5.6.
page 71, ligne 3 du bas:	remplacer $Der_A(A, M)$ par $Der_R(A, M)$.
page 72, ligne 9:	remplacer $f(\partial(a)) = \ldots$ par $f(\delta(a)) = \ldots$
page 73, trois dernières lignes:	lire Si de plus A est commutative et M un A-module (8) Toute R-dérivation $\partial : A \to M$ est nulle. (9) $J(A) = J(A)^2$.
page 82, ligne 10:	remplacer $a \otimes b = ab \otimes 1 - a(1 \otimes b - b \otimes a)$ par $a \otimes b = ab \otimes 1 + a(1 \otimes b - b \otimes a)$

page 90, ligne 13:	remplacer 4.6.5 par 4.7.5.
page 95, ligne 4 du bas:	remplacer "module" par "module M".
page 96, ligne 18:	remplacer "A_2-module à gauche" par "A_2-module à droite".
page 102, ligne 7:	remplacer "... et par conséquent $\beta \in A$." par "... et par conséquent $\beta^n \in R + R\beta + \cdots + \beta^{n-1}$."
page 102, ligne 3 du bas:	remplacer $\mathbb{Z}[\sqrt{2}] \times \cdots \times [\sqrt{2}]$ par $\mathbb{Z}[\sqrt{2}] \times \cdots \times \mathbb{Z}[\sqrt{2}]$
page 117, ligne 9:	remplacer $h \in M_r(T)$ par $h \in GL_r(T)$.
page 119, ligne 13:	remplacer $\Delta_N = F(\varepsilon_1) - F(\varepsilon_2) + \cdots + (-1)^{n+1}F(\varepsilon_{n+1})$ par $\Delta_N = F(\varepsilon_1) - F(\varepsilon_2) + \cdots + (-1)^{n}F(\varepsilon_{n+1})$
page 135, ligne 8 du bas:	remplacer "Quitte à remplacer S par une extension étale" par "Quitte à remplacer S par une extension étale plus grande".
page 150, ligne 6:	remplacer "une R_0' algèbre" par "une R_0-algèbre".

Lecture Notes in Mathematics

Edited by A. Dold, Heidelberg and B. Eckmann, Zürich
Series: Forschungsinstitut für Mathematik, ETH Zürich

389

Max-Albert Knus
École Polytechnique Fédérale, Zürich/Suisse

Manuel Ojanguren
Battelle Institute, Advanced Studies Center,
Carouge-Genève/Suisse

Théorie de la Descente et Algèbres d' Azumaya

Springer-Verlag
Berlin · Heidelberg · New York 1974

AMS Subject Classifications (1970): 13A20, 13B05, 16A16

ISBN 3-540-06791-4 Springer-Verlag Berlin · Heidelberg · New York
ISBN 0-387-06791-4 Springer-Verlag New York · Heidelberg · Berlin

Offsetdruck: Julius Beltz, Hemsbach/Bergstr.

INTRODUCTION

Ces notes sont basés en partie sur un séminaire donné à l'école polytechnique fédérale de Zurich en 1970-71 et 1971-72. Le but de ce séminaire était l'étude des exposés de Grothendieck au séminaire Bourbaki sur la descente I (exposé 190) et sur le groupe de Brauer I (exposé 290).

Le premier chapitre rappelle des notions d'algèbre commutative et donne aussi quelques résultats qui seront utilisés ensuite systématiquement.

Le second chapitre est un exposé détaillé de la théorie de la descente dans le cadre des anneaux. Après la descente fidèlement plate, nous examinons différents cas particuliers (descente fidèlement projective, galoisienne, radicielle).

Le troisième chapitre donne la théorie des algèbres séparables puis des algèbres d' Azumaya. Ce chapitre se termine par la caractérisation des algèbres d'Azumaya comme formes tordues d'algèbres de matrices, caractérisation qui permet en fait de retrouver presque immédiatement toutes les propriétés des algèbres d'Azumaya par descente.

Dans le chapitre IV, nous appliquons la théorie de la descente aux algèbres d'Azumaya. Nous obtenons en particulier un résultat sur les automorphismes des algèbres d'Azumaya et une démonstration élémentaire et non-cohomologique de la torsion du groupe de Brauer. Finalement, nous introduisons la cohomologie d'Amitsur, qui est liée à la théorie de la descente, et donnons quelques applications au groupe de Brauer en caractéristique p .

Nous avons essayé de grouper les sources dans le chapitre VI, mais sans espérer être complets. La bibliographie ne donne que des

des titres cités dans le texte. On trouvera une bibliographie détaillée sur les algèbres d'Azumaya dans [DI].

Nous remercions l'Institut Battelle de son soutien pendant la préparation de ces notes. Nous félicitons E. Russo d'avoir su garder sa bonne humeur pendant qu'elle tapait ces notes (à la machine).

Nous remercions également le Fonds national Suisse de l'aide accordée á l'un des auteurs.

TABLE DES MATIERES

I. PRELIMINAIRES

II. THEORIES DE LA DESCENTE

III. ALGEBRES SEPARABLES

I. PRELIMINAIRES

§1 Modules projectifs

Soit R un anneau. Un R-module M est appelé projectif s'il vérifie les conditions équivalentes du lemme suivant:

Lemme 1.1 .

(a) M est isomorphe à un facteur direct d'un R-module libre.

(b) Toute suite exacte de R-modules

$$0 \to L \to N \xrightarrow{\phi} M \to 0$$

est scindée, c'est-à-dire qu'il existe un homomorphisme de R-module $\rho : M \to N$ tel que $\phi\rho = 1_m$, 1_m étant l'identité de M .

(c) Pour toute application surjective $\psi : N \to N'$, l'application induite $Hom(1,\psi) : Hom(M,N) \to Hom(M,N')$ est surjective.

(d) Il existe $(m_i)_{i\in I}$, $m_i \in M$ et $(\phi_i)_{i\in I}$, $\phi_i \in M^* = Hom_R(M,R)$ tels que:

1) pour tout $m \in M$, $\phi_i(m) = 0$ pour presque tout $i \in I$

2) pour tout $m \in M$, $\sum_{i\in I} \phi_i(m)m_i = m$.

Démonstration : L'équivalence de (a), (b) et (c) est facile et bien connue. Montrons que (a)$\Longleftrightarrow$(d) : Si M est facteur direct d'un module libre R^I , il existe deux homomorphismes de R-modules $\phi : M \to R^I$ et $\pi : R^I \to M$ tels que $\phi\pi = 1_m$. Soient $\{e_i, i \in I\}$ une base de R^I et $\{f_i, i \in I\}$, $f_i \in Hom(R^I,R)$, la base duale , c'est-à-dire telle que $f_j(e_i) = \delta_{ij}$. Posons $m_i = \pi(e_i)$ et $\phi_i = f_i\phi$, $i \in I$. On a évidemment $\phi_i(m) = 0$ pour presque tout $i \in I$ et

$\Sigma\phi_i(m)m_i = \Sigma f_i(\phi(m))\pi(e_i) = \pi(\Sigma f_i(\phi(m))e_i) = \pi\phi(m) = m$. Inversément, on définit ϕ et π à l'aide de (d) par $(\phi(m))_i = \phi_i(m)$ et $\pi(x) = \sum_{i\in I} x_i m_i$ si $x = (x_i)_{i\in I} \in R^I$.

1.2 Exemples

(1) Un module libre est évidemment projectif.

(2) Si M est un R-module projectif et S une R-algèbre, alors $S \otimes M$ est projectif sur S .

(3) Une somme directe $\bigoplus_{i\in J} M_i$ est projective si et seulement si chaque facteur M_i est projectif.

§2 Modules de type fini et de présentation finie

Soit R un anneau. Un R-module M est appelé de type fini s'il existe une suite exacte

$$F_o \to M \to 0$$

de R-modules, où F_o est libre de rang fini et de présentation finie s'il existe une suite exacte

$$F_1 \to F_o \to M \to 0$$

où F_1 et F_o sont des R-modules libres de rang fini.

Exemples

(1) Tout module de présentation finie est de type fini.

(2) Un module projectif est de type fini s'il existe des m_i et ϕ_i avec un ensemble d'indices I fini ayant les propriétés de 1.1.(d). On dira alors que les m_i et ϕ_i forment une base duale de M .

(3) Tout module projectif de type fini est de présentation finie.

<u>Lemme 2.1</u> . Soit $0 \to M' \xrightarrow{\alpha} M \xrightarrow{\beta} M'' \to 0$ une suite exacte de R-modules. Alors,

(a) Si M est de type fini, M'' est de type fini. Si M' et M'' sont de type fini, M est de type fini.

(b) Si M est de type fini et M'' de présentation finie, M' est de type fini.

<u>Démonstration</u> . (a) Si l'ensemble $\{m_i\}$ engendre M , son image engendre M'' . Inversément, soient M' et M'' de type fini. Soient $\bar{m}'_1,\ldots,\bar{m}'_n$ les images dans M d'un ensemble de générateurs de $M', m'_1 \ldots, m'_n$. Soient $m''_1,\ldots,m''_r$ des représentants dans M d'un ensemble de générateurs de M'' . L'ensemble $\{\bar{m}'_i, m''_j\}$ engendre M . En effet, si $\bar{x}$ est l'image dans M'' d'un élément $x \in M$, on peut écrire $\bar{x} = \Sigma r_j \bar{m}''_j$ et $x - \Sigma r_j m''_j \in \mathrm{Ker}(M \to M'') = M'$.

(b) Soit $F_1 \xrightarrow{\phi} F_o \xrightarrow{\psi} M'' \to 0$ une présentation finie de M'' ; Comme F_o est libre, il existe un homomorphisme $\eta : F_o \to M$ tel que

$$\begin{array}{ccc} F_o & \xrightarrow{\eta} & M \\ & \psi\searrow \quad \nearrow\beta & \\ & M'' & \end{array}$$

commute. Puisque, dans le diagramme commutatif,

$$\begin{array}{ccccccccc} & & F_1 & \xrightarrow{\phi} & F_o & \xrightarrow{\psi} & M'' & \to & 0 \\ & & \downarrow{\scriptstyle\rho} & & \downarrow{\scriptstyle\eta} & & & & \\ 0 & \to & M' & \xrightarrow[\alpha]{} & M & \xrightarrow[\beta]{} & M'' & \to & 0 \end{array}$$

$\beta \circ \eta \circ \phi = 0$ et que la seconde ligne est exacte, il existe $\rho : F_1 \to M'$ tel que $d \circ \rho = \eta \circ \phi$. Le diagramme du serpent

(Bourbaki $[B]_2$ p. 19) donne alors une suite exacte

$$0 = \mathrm{Ker}(1_{M''}) \to \mathrm{Coker}(\rho) \to \mathrm{Coker}(\eta) \to \mathrm{Coker}(1_{M'}) = 0 .$$

Elle montre que $\mathrm{Coker}(\rho) \cong \mathrm{Coker}(\eta) = M/\eta(F_o)$ est de type fini. Finalement, la suite exacte

$$0 \to \rho(F_1) \to M' \to \mathrm{Coker}(\rho) \to 0$$

où $\rho(F_1)$ et $\mathrm{Coker}(\rho)$ sont de type fini, montre d'après (a), que M' est aussi de type fini.

Bien que ce ne soit pas toujours nécessaire, nous supposerons dans la suite que R est commutatif.

Lemme 2.2 . Soient M un R-module de type fini et I un idéal de R tel que $IM = M$. Il existe alors un élément $a \in R$ de la forme $a = 1 + x$, $x \in I$, tel que $aM = 0$.

Démonstration . Soient $m_1, \ldots, m_n$ des générateurs de M . Le résultat se démontre par induction sur le nombre de générateurs n . Pour $n = 0$, on prend $x = 0$. Soit $M' = M/Rm_n$. Par induction il existe $x \in I$ tel que $(1+x)M' = 0$, c'est-à-dire que $(1+x)M \subset Rm_n$. Puisque $M = IM$, on a aussi $(1+x)M = I(1+x)M \subset Im_n$; on peut donc écrire $(1+x)m_n = ym_n$ avec $y \in I$. Mais alors $(1+x-y)(1+x)M = 0$ et $(1+x-y)(1+x) \equiv 1 \bmod I$.

Soit $\mathrm{Rad}(R)$, le radical de R , c'est-à-dire l'intersection de tous les idéaux maximaux de R .

Corollaire 2.3 . (Lemme de Nakayama) Soit I un idéal de R . Les propriétés suivantes sont équivalentes.

1) $I \subset \mathrm{Rad}(R)$.

2) $1 + I$ est un sous-groupe des unités R^* de R .

De plus, pour tout R-module de type fini M et tout sous-module N de M

3) $IM = M$ entraîne que $M = 0$.

4) $M = N + IM$ entraîne que $M = N$.

Démonstration .

1) $\Longrightarrow$ 2) car si $x \in I$, $1 + x$ n'appartient à aucun idéal maximal.

2) $\Longrightarrow$ 1) Supposons que I ne soit contenu dans aucun idéal maximal $\underline{m}$. On a alors $I + \underline{m} = R$ pour un idéal maximal $\underline{m}$ et on peut écrire $1 = x + y$, $x \in I$, $y \in \underline{m}$. Mais alors $y = 1 - x$ est une unité!

2) $\Longrightarrow$ 3) : D'après 2.2, il existe $a \in I$ tel que $(1+a)M = 0$, d'où $M = 0$.

3) $\Longrightarrow$ 4) : il suffit d'appliquer 3) à M/N .

4) $\Longrightarrow$ 2) : Soient $x \in I$ et $u = 1 + x$. Puisqu'alors $R = I + uR$, on a $R = uR$ et u est une unité.

Corollaire 2.4 . Tout endomorphisme surjectif d'un R-module de type fini est un isomorphisme.

Démonstration . Soient M de type fini et $f \in \mathrm{End}_R(M)$. Si $R[X]$ dénote l'anneau des polynômes en une variable X sur R , M est un $R[X]$-module de type fini par $X \cdot m = f(m)$, $m \in M$. La surjectivité de f entraîne que $XM = M$. Il suit alors de 2.2 qu'il existe $p(X) \in R[X]$ tel que $(1-p(X)X)M = 0$. On a donc $(1-p(f) \circ f)m = 0$ pour tout $m \in M$ et f possède l'inverse $p(f)$.

Corollaire 2.5 . Soient R un anneau local d'idéal maximal $\underline{m}$, M un R-module et N un R-module de type fini. Un R-homomorphisme $f : M \to N$ est surjectif si et seulement si l'homomorphisme $f' : M/\underline{m}M \to N/\underline{m}N$ induit par passage aux quotients est surjectif.

Démonstration . Considérant le conoyau de f , il suffit de montrer que pour un R-module de type fini N , $N = \underline{m}N$ entraîne $N = 0$. Mais si R est local, $\mathrm{Rad}(R) = \underline{m}$ et le résultat suit de 2.3 .

Corollaire 2.6 . Soit R un anneau local. Tout R-module projectif de type fini est libre.

Démonstration . Soit M un R-module projectif de type fini et soit $\underline{m}$ l'idéal maximal de R . Choississons des éléments $x_1,\ldots,x_n$ de M tels que les images $\bar{x}_1,\ldots,\bar{x}_n$ modulo $\underline{m}M$ forment une base de M/mM sur le corps R/m . Soit F le R-module libre de base $e_1,\ldots,e_n$ et soit $\phi : F \to M$ l'application définie par $\phi(e_i) = x_i$. Il suit de 2.5 que ϕ est une surjection. Soit N son noyau. Puisque M est projectif, la suite exacte

$$0 \to N \to F \xrightarrow{\phi} M \to 0$$

est scindée et N est aussi de type fini. L'application déduite de ϕ par passage aux quotients $\phi' : F\underline{m}F \to M/\underline{m}M$ étant un isomorphisme, on a $N/\underline{m}N = 0$ et finalement $N = 0$ par 2.3 .

Remarque 2.7 . La même démonstration marche pour un anneau quelconque si l'on remplace l'idéal maximal dans le cas local par le radical $\mathrm{Rad}(R)$ de R . I.Beck [Bec] a montré que le résultat est encore valable pour un module projectif non nécessairement de type fini.

Nous utiliserons plusieurs fois par la suite des résultats établis pour des anneaux noethériens, le cas général "se ramenant au cas noethérien" grâce à la proposition suivante.

Proposition 2.8 . Soient P , Q des R-modules projectifs de type fini et $\phi : P \to Q$ un épimorphisme. Alors, il existe un sous-anneau R_o de R , noethérien (en fait de type fini sur $\mathbb{Z}$) , des R_o-modules projectifs de type fini P_o et Q_o, contenus dans P et Q respectivement, et un épimorphisme de R_o-modules $\phi_o : P_o \to Q_o$ tels que $P \cong P_o \otimes_{R_o} R$, $Q = Q_o \otimes_{R_o} R$ et $\phi = \phi_o \otimes_{R_o} 1_R$. Si de plus ϕ est un isomorphisme, ϕ_o est un isomorphisme.

<u>Démonstration</u>. Le R-module P est projectif de type fini. Il est donc facteur direct d'un module libre de type fini et on peut le représenter comme conoyau d'un endomorphisme idempotent π d'un module libre R^m. Soit (a_{ij}) la matrice de π par rapport à la base canonique de R^m, et soit R_o l'anneau engendré par les éléments a_{ij} de R. L'application π induit par restriction un R_o-endomorphisme idempotent $\pi_o : R_o^m \to R_o^m$. Le conoyau de π_o est un R_o-module projectif de type fini P_o contenu dans P et tel que $P_o \otimes_{R_o} R = P$. Répétons l'opération pour Q et notons de nouveau R_o la réunion des deux sous-anneaux, respectivement P_o et Q_o les modules obtenus par extension des scalaires. Soient $x_1,\dots,x_n$ des générateurs de P contenus dans P_o et soient $y_1,\dots,y_q$ des éléments de P tels que leurs images $\phi(y_1),\dots,\phi(y_q)$ engendrent Q_o sur R_o. On peut écrire $y_i = \Sigma b_{ij}x_j$, $b_{ij} \in R$. Adjoignons les b_{ij} à R_o et notons toujours le résultat par R_o, P_o et Q_o. Par restriction, ϕ définit une application $\phi_o : P_o \to Q_o$ telle que $\phi_o \otimes_{R_o} 1_{R_o} = \phi$. Cette application ϕ_o est surjective par construction. Montrons qu'elle est injective si ϕ est injective. Soit N_o son noyau. Puisque Q_o est projectif, la suite $0 \to N_o \to P_o \to Q_o \to 0$ est scindée et par conséquent $N_o \otimes_{R_o} R = 0$. Mais N_o étant projectif de type fini sur R_o, est facteur direct d'un module libre R_o^n, $N_o \oplus M \cong R_o^n$. L'inclusion $R_o \subset R$ induit donc des injections $N_o \oplus M \hookrightarrow (N_o \oplus M) \otimes_{R_o} R$ et $N_o \hookrightarrow N_o \otimes_{R_o} R = 0$. Remarquons que nous venons de vérifier qu'un module projectif est plat, voir §3!

<u>Remarque 2.9</u> . La proposition 2.8 s'applique également à des R-algèbres A et B qui sont projectives de type fini comme R-modules. En effet la multiplication $A \otimes A \to A$ peut aussi se définir sur un sous-anneau R_o .

§3 Platitude

Pour simplifier, nous supposerons dans tout le paragraphe que R est un anneau commutatif. Tous les produits tensoriels sont pris sur R .

Un R-module N est appelé <u>plat</u> si le foncteur $N \otimes -$ est exact, c'est-à-dire si toute suite exacte de R-modules

$$(*) \qquad M' \xrightarrow{\alpha} M \xrightarrow{\beta} M''$$

induit une suite exacte

$$(**) \qquad N \otimes M' \xrightarrow{1\otimes\alpha} N \otimes M \xrightarrow{1\otimes\beta} N \otimes M''$$

et <u>fidèlement plat</u> si toute suite (*) est exacte si et seulement si la suite (**) est exacte.

<u>Exemples</u>

1) Un module libre ou de façon plus générale un module projectif est plat.

2) Une somme directe $\underset{i\in I}{\oplus} N_i$ est plate si et seulement si chaque facteur est plat.

3) Une somme directe d'un module plat et d'un module fidèlement plat est un module fidèlement plat. En particulier un module libre est fidèlement plat, mais pas nécessairement un module projectif.

4) Si M est un R-module plat (respectivement fidèlement plat) et A une R-algèbre, $A \otimes M$ est plat (respectivement fidèlement plat) comme A-module.

5) Pour toute partie multiplicative S de R, l'anneau des fractions $S^{-1}R$ est un R-module plat.

<u>Lemme 3.1</u> . Soit N un R-module. Les conditions suivantes sont équivalentes

(a) N est fidèlement plat

(b) N est plat et pour tout R-module M, $N \otimes M = 0$ entraîne $M = 0$

(c) N est plat et pour tout idéal maximal $\underline{m}$ de R, $N \neq \underline{m}N$.

<u>Démonstration</u> . (a)$\Longleftrightarrow$(b) est assez direct. Puisque $R/\underline{m} \neq 0$, (b) entraîne que $(R/\underline{m}) \otimes N = N/mN$ est différent de 0 . Montrons finalement que (c) entraîne (b). Soit $x \in M$, $x \neq 0$. Le module $Rx \subset M$ est de la forme R/I , I un idéal de R , $I \neq R$. Soit $\underline{m}$ un idéal maximal de R contenant I . On a alors $N \underset{\neq}{\supset} \underline{m}N \supset IN$, d'où $(R/I) \otimes N = N/IN \neq 0$. Par platitude $0 \to (R/I) \otimes N \to M \otimes N$ est exact, d'où $N \otimes M \neq 0$.

Soit S une R-algèbre commutative. Si S est fidèlement plate (comme R-module), l'unité $\varepsilon : R \to S$ est injective. En effet, si $x \neq 0$, $x \in R$, on a $Rx \subset R$ et $(Rx) \otimes S \subset R \otimes S$ par platitude; Mais $(Rx) \otimes S = (x \otimes 1_S)S$, donc $x \otimes 1_S \neq 0$ par 3.1 (b).

<u>Lemme 3.2</u> . Soit S une R-algèbre commutative. Les propriétés suivantes sont équivalentes

(a) S est fidèlement plate

(b) S est plate et pour tout idéal premier $\underline{p}$ de R, il existe un idéal premier $\underline{q}$ de S tel que $\underline{q} \cap R = \underline{p}$.

(c) S est plate et pour tout idéal maximal $\underline{m}$ de R, il existe un idéal maximal $\underline{n}$ de S tel que $\underline{n} \cap R = \underline{m}$.

Démonstration. (a) $\Longrightarrow$ (b) : Soit $\underline{p}$ un idéal premier de R et soit $R_{\underline{p}}$ le localisé de R en $\underline{p}$. Par extension des scalaires, $S_{\underline{p}} = S \otimes R_{\underline{p}}$ est fidèlement plate sur $R_{\underline{p}}$. Par conséquent, $\underline{p}S_{\underline{p}} \neq S_{\underline{p}}$; soit $\underline{m}$ un idéal maximal de $S_{\underline{p}}$ qui contient $\underline{p}S_{\underline{p}}$. Alors $\underline{m} \cap R_{\underline{p}} \supset \underline{p} \cap R_{\underline{p}}$, donc $\underline{m} \cap R_{\underline{p}} = \underline{p} \cap R_{\underline{p}}$ car $\underline{p}R_{\underline{p}}$ est maximal. Si l'on pose $\underline{q} = \underline{m} \cap S$, on a $\underline{q} \cap R = (\underline{m} \cap S) \cap R = \underline{m} \cap R = (\underline{m} \cap R_p) \cap R = \underline{p}R_{\underline{p}} \cap R = \underline{p}$.

(b) $\Longrightarrow$ (c) : par hypothèse, il existe $\underline{q}$ premier de S tel que $\underline{q} \cap R = \underline{m}$. Si $\underline{n}$ est un idéal maximal de S contenant $\underline{q}$, on a $\underline{n} \cap R = \underline{m}$, car $\underline{m}$ est maximal.

(c) $\Longrightarrow$ (a) : Suit de 3.1 (b), car l'existence de $\underline{n}$ entraîne que $\underline{m}S \neq S$.

Soit $\max(R)$ l'ensemble des idéaux maximaux de R et soit $R_{\underline{m}}$ le localisé de R en $\underline{m} \in \max(R)$.

Lemme 3.3. Le R-module $E = \bigoplus_{\underline{m} \in \max(R)} R_{\underline{m}}$ est fidèlement plat.

Démonstration. E est plat car chaque $R_{\underline{m}}$ l'est. En outre, pour tout $m \in \max(R)$, $\underline{m}R_{\underline{m}}$ est l'unique idéal maximal de $R_{\underline{m}}$, donc $\underline{m}R_{\underline{m}} \neq R_{\underline{m}}$ et $\underline{m}E \neq E$.

Corollaire 3.4.

(a) Soient M, N des R-modules et $\phi : M \to N$ un homomorphisme de R-modules. Pour que ϕ soit injectif (respectivement surjectif), il faut et il suffit que pour tout $\underline{m} \in \max(R)$, $\phi_m : M_{\underline{m}} \to N_{\underline{m}}$ soit injectif (respectivement surjectif).

(b) Soient M , N deux sous-modules d'un R-module P . Si $M_{\underline{m}} = N_{\underline{m}}$ dans $P_{\underline{m}}$ pour tout $\underline{m} \in \max(R)$, alors $M = N$.

<u>Démonstration</u> . (a) suit évidemment de 3.3 . Pour (b), on a $(M+N/M)_{\underline{m}} = (M+N)_{\underline{m}}/M_{\underline{m}} = 0$ car $(M+N)_{\underline{m}} = M_{\underline{m}} + N_{\underline{m}}$ d'où $N \subset M$. De même $M \subset N$.

<u>Lemme 3.5</u> . Soient M un R-module, N un R-module de type fini et $\phi : M \to N$ un R-homomorphisme. Pour que ϕ soit surjectif, il faut et il suffit que pour tout $\underline{m} \in \max(R)$, l'homomorphisme $\phi' : M/\underline{m}M \to N/\underline{m}N$ induit par passage aux quotients soit surjectif.

<u>Démonstration</u> . D'après 3.4 , ϕ est surjectif si $\phi_{\underline{m}} : M_{\underline{m}} \to N_{\underline{m}}$ est surjectif pour tout $\underline{m} \in \max(R)$. Comme R_m est local, que $N_{\underline{m}}$ est de type fini sur $R_{\underline{m}}$, il revient au même, d'après 2.5 , de dire que $\phi'_{\underline{m}} : M_{\underline{m}}/\underline{m}M_{\underline{m}} \to N_{\underline{m}}/\underline{m}N_{\underline{m}}$ est surjectif. Mais $M_{\underline{m}}/\underline{m}M_{\underline{m}}$ s'identifie à $M/\underline{m}M$. En effet $M/\underline{m}M$ s'identifie à $(M/\underline{m}M)_{\underline{m}}$ et $(M/\underline{m}M)_{\underline{m}}$ à $M_{\underline{m}}/\underline{m}M_{\underline{m}}$.

<u>Lemme 3.6</u> . Soient S une R-algèbre fidèlement plate et M un R-module. Alors

(a) M est de type fini $\Leftrightarrow S \otimes M$ est de type fini sur S.

(b) M est de présentation finie $\Leftrightarrow S \otimes M$ est de présentation finie sur S .

(c) M est projectif de type fini $\Leftrightarrow S \otimes M$ est projectif de type fini sur S .

<u>Démonstration</u> . Le cas de l'extension des scalaires est évident. Inversément (a) se démontre facilement en choisissant un nombre fini de générateurs sur S de $S \otimes M$, de la forme $1 \otimes x_i$ et en montrant que les x_i engendrent M . (b) : on sait par (a) que M est de

type fini. Soit $\phi : F \to M$ une surjection, où F est libre de type fini sur R, et soit N le noyau de ϕ, de sorte que $S \otimes N$ est le noyau de $1 \otimes \phi$. Comme $S \otimes M$ est de présentation finie et $S \otimes F$ est de type fini sur S, il suit de 2.1 (b) que $S \otimes N$ est de type fini sur S et par (a) que N est de type fini sur R. (c) $S \otimes M$ étant projectif sur S, $S \otimes M$ est de présentation finie sur S et d'après (b) M est de présentation finie. Nous verrons alors en 4.1 que l'homomorphisme canonique

$$S \otimes \mathrm{Hom}_R(M,N) \to \mathrm{Hom}_S(S \otimes M, S \otimes N)$$

est un isomorphisme pour tout R-module N. Si $\psi : N \to N'$ est une surjection, $1 \otimes \psi : S \otimes N \to S \otimes N'$ est aussi surjectif. Considérons le diagramme

$$\begin{array}{ccc} S \otimes \mathrm{Hom}_R(M,N) & \to & \mathrm{Hom}_S(S \otimes M, S \otimes N) \\ {\scriptstyle 1 \otimes \mathrm{Hom}(1,\psi)}\downarrow & & \downarrow{\scriptstyle \mathrm{Hom}(1 \otimes 1, 1 \otimes \psi)} \\ S \otimes \mathrm{Hom}_R(M,N') & \to & \mathrm{Hom}_S(S \otimes M, S \otimes N') \end{array}$$

Comme $1 \otimes \psi$ est surjectif et que $S \otimes M$ est projectif $\mathrm{Hom}(1 \otimes 1, 1 \otimes \psi)$ est surjectif (1.1 (d)). Il en est donc de même de $1 \otimes \mathrm{Hom}(1,\psi)$. Mais comme S est fidèlement plat, $\mathrm{Hom}(1,\psi)$ est surjectif et M est projectif.

§4 Quelques identités

Dans ce paragraphe, R désigne toujours un anneau commutatif et les produits tensoriels sont pris sur R .

Lemme 4.1 . Soient A_i , $i = 1,2$ des R-algèbres et M_i , N_i des A_i-modules. L'homomorphisme canonique

$$\mathrm{Hom}_{A_1}(M_1,N_1) \otimes \mathrm{Hom}_{A_2}(M_2,N_2) \to \mathrm{Hom}_{A_1 \otimes A_2}(M_1 \otimes M_2, N_1 \otimes N_2)$$

induit par l'application R-bilinéaire $(f_1,f_2) \to f_1 \otimes f_2$ est un isomorphisme dans les cas suivants

(a) M_i est un A_i-module projectif de type fini, $i = 1,2$.

(b) M_1 et N_1 sont projectifs de type fini sur A_1 , A_1 est plat sur R et M_2 est de présentation finie sur A_2 .

Démonstration . (a) est facile, car on se ramène par additivité au cas $M_i = A_i$. Pour (b), on peut aussi supposer que $M_1 = N_1 = A_1$. Notons alors $SM_2 = A_1 \otimes \mathrm{Hom}_{A_2}(M_2,N_2)$ et $TM_2 = \mathrm{Hom}_{A_1 \otimes A_2}(A_1 \otimes M_2, A_1 \otimes N_2)$. L'application $SM_2 \to TM_2$ est un isomorphisme pour $M_2 = A_2$ donc aussi pour M_2 libre de type fini sur A_2 . Si M_2 est de présentation finie, le résultat suit alors du lemme des cinq et du fait que S et T sont des foncteurs exacts à gauche.

Soient S_i , $i = 1,2$ des R-algèbres commutatives, M_i et N_i des S_i-modules. Les groupes $\mathrm{Hom}(M_2,N_1)$ et $\mathrm{Hom}(N_2,N_1)$ sont des $S_1 \otimes S_2$-modules si l'on pose, $(s_1 \otimes s_2)\phi(x_2) = s_1\phi(s_2x_2)$ pour $s_i \in S_i$, $\phi \in \mathrm{Hom}(M_2,N_1)$ (respectivement $\in \mathrm{Hom}(N_2,N_1)$ et $x_2 \in M_2$ (respectivement $\in N_2$) .

Lemme 4.2 . L'homomorphisme canonique

$$\mathrm{Hom}_{S_1 \otimes S_2}(M_1 \otimes M_2, \mathrm{Hom}_R(N_2,N_1)) \to \mathrm{Hom}_{S_1 \otimes S_2}(M_1 \otimes N_2, \mathrm{Hom}_R(M_2,N_1))$$

induit par l'application qui associe à $f : M_1 \otimes M_2 \to \mathrm{Hom}_R(N_2,N_1)$ l'application bilinéaire $\overline{f} : M_1 \otimes N_2 \to \mathrm{Hom}_R(M_2,N_1)$ définie par $\overline{f}(m_1,n_1)(m_2) = f(m_1 \otimes m_2)(n_2)$ est un isomorphisme.

Démonstration . La situation est symétrique en M_2 et N_2 , d'où la construction d'un inverse.

Pour tout R-module M , notons M^* le dual $\mathrm{Hom}_R(M,R)$.

Lemme 4.3 . Soit S une R-algèbre commutative. Si P est un S-module, projectif de type fini comme R-module, les applications canoniques

(a) $P \otimes P^* \to \mathrm{End}_R(P)$ définie par $p \otimes \phi \to (x \to p\phi(x))$, $p \in P$, $\phi \in P^*$, $x \in P$

(b) $M \otimes P \to \mathrm{Hom}_R(P^*,M)$ définie par $m \otimes \phi \to (\phi \to m\phi(p))$ $m \in M$, $p \in P$, $\phi \in P^*$ pour tout S-module M

sont des isomorphismes de $S \otimes S$-modules.

Démonstration . On vérifie directement que les applications sont des $S \otimes S$-homomorphismes. Ce sont des isomorphismes pour $P = R$, donc par additivité pour P projectif de type fini sur R .

Nous n'hésiterons pas à identifier ces modules par la suite.

Lemme 4.4 . Soient M un R-module et P un R-module projectif de type fini

(a) Un homomorphisme $h : M \otimes P \to M \otimes P$ tel que le diagramme

$$\begin{array}{ccc}
M \otimes P^* \otimes P & \xrightarrow{h \otimes 1_{\phi^*}} & M \otimes P^* \otimes P \\
{\scriptstyle 1 \otimes t}\downarrow & & \downarrow{\scriptstyle 1 \otimes t} \\
M & = & M
\end{array}$$

commute, où t est la trace, $t(\phi \otimes p) = \phi(p)$, $\phi \in P^*$, $p \in P$ est l'identité.

(b) Un élément $x = \Sigma m_i \otimes p_i \in M \otimes P$ tel que $\Sigma m_i \phi(p_i) = 0$ pour tout $\phi \in P^*$, est nul.

<u>Démonstration</u> .

(a) Par 3.3 et 4.1, on se ramène au cas où R est local. Le R-module P est alors libre de type fini (2.6). Choisissons des bases duales (e_i) et (ϕ_j) pour P et P^* , c'est-à-dire que $\phi_j(e_i) = \delta_{ij}$. Si $h(m \otimes e_i) = \sum_j m_{ij} \otimes e_j$, on a $(h \otimes 1_{P^*})(m \otimes \phi_k \otimes e_i) = \sum_j m_{ij} \otimes \phi_k \otimes e_j$, donc $m\delta_{ik} = m_{ik}$ et alors $h(m \otimes e_i) = m_{ii} \otimes e_i = m \otimes e_i$.

(b) Se démontre de façon analogue.

§5 Topologies, recouvrements et faisceaux

R désignera toujours un anneau commutatif. Notons Spec(R) le <u>spectre premier</u> de R , c'est-à-dire l'ensemble des idéaux premiers de R , et pour toute partie E de R , notons $V(E) \subset \mathrm{Spec}(R)$ l'ensemble des idéaux premiers de R qui contiennent E . On vérifie que

(1) Si I est l'idéal engendré par E , V(E) = V(I) .

(2) V(0) = Spec(R) , V(1) = $\emptyset$

(3) Pour toute famille $\{E_\alpha\}_{\alpha\in A}$, $V(\bigsqcup_{\alpha\in A} E_\alpha) = \bigsqcup_{\alpha\in A} V(E_\alpha)$.

(4) $V(I\cap J) = V(IJ) = V(I)\cup V(J)$ pour tous les idéaux I , J de R .

Les ensembles V(E) satisfont donc aux axiomes des fermés d'une topologie. La topologie ainsi obtenue de Spec(R) est appelée la <u>topologie de Zariski</u>. Pour tout élément $f\in R$, notons U_f le complément du fermé V(f) . Les parties U_f forment une base d'ouverts de Spec(R) . Pour toute famille $\{f_i\}$ telles que l'idéal engendré (f_i) est tout R , on a $\bigsqcup U_{f_i}$ = Spec(R) . On montre alors facilement que Spec(R) est quasi compact. Spec(R) n'est en général pas séparé. Si R est un produit $R = R_1 \times R_2$, Spec(R) est évidemment la réunion disjointe de $\mathrm{Spec}(R_1)$ et $\mathrm{Spec}(R_2)$. Inversément, on montre que si Spec(R) est réunion disjointe d'ensembles X_1 et X_2 à la fois fermés et ouverts, R est un produit $R_1 \times R_2$ avec $X_i = \mathrm{Spec}(R_i)$.

Soit R_f l'anneau des fractions de R obtenu en inversant un élément $f\in R$. On a $U_f = \mathrm{Spec}(R_f)$ et l'inclusion $U_f \subset \mathrm{Spec}(R)$ est induite par l'application canonique $R \to R_f$. Une famille $\{U_{f_i}\}_{i\in I}$ recouvre Spec(R) si et seulement si $(f_i, i\in I) = (1)$.

Soit F un <u>préfaisceau</u> sur Spec(R) de groupes abéliens. Rappelons que F est simplement un foncteur contravariant de la catégorie des ouverts de Spec(R) et inclusions d'ouverts dans la catégorie des groupes abéliens. F est un <u>faisceau</u> si pour tout ouvert U et tout recouvrement ouvert $\{U_\alpha\}$ de U, le diagramme

$$F(U) \to \prod_{\alpha} F(U_\alpha) \rightrightarrows \prod_{\alpha,\beta} F(U_\alpha \cap U_\beta)$$

est exact.

Si F est défini seulement sur les ouverts de la forme U_f, on obtient un préfaisceau F' en posant $F'(U) = \varprojlim F(U_f)$, la limite étant prise sur tous les U_f avec $U_f \leqslant U$. On a $F'(U_f) = F(U_f)$ et F' est un faisceau si et seulement si pour tout U_f et tout recouvrement $\{U_{f_i}\}$ de U_f, le diagramme

$$F(U_f) \to \prod_i F(U_{f_i}) \rightrightarrows \prod_{i,j} \prod_{U_g \subset U_{f_i} \cap U_{f_j}} F(U_g)$$

est exact.

On montre que le préfaisceau O_X donné par R_f sur l'ouvert U_f est un faisceau, qu'on appelle le <u>faisceau structural</u> de R. De façon plus générale, pour tout R-module M le préfaisceau donné par M_f sur R_f est un faisceau. Nous verrons plus tard (II 3.3) sous quelles conditions une famille $\{M_i\}$ de R_{f_i}-modules se recolle pour donner un R-module M.

Pour tout recouvrement <u>fini</u> $\{U_{f_i}, i = 1,\ldots,n\}$ de Spec(R), nous appelerons, par abus de langage, l'anneau $S = \prod_{i=1}^{n} R_{f_i}$ un <u>recouvrement de Zariski</u>.

<u>Lemme 5.1</u>. Tout recouvrement de Zariski S de R est une R-algèbre fidèlement plate.

Démonstration . Comme produit de localisés, S est plate. D'après 3.2, il reste à vérifier que $\mathrm{Spec}(S) \to \mathrm{Spec}(R)$ est surjectif. C'est évident puisque les $U_{f_i} = \mathrm{Spec}(R_{f_i})$ recouvrent $\mathrm{Spec}(R)$.

On dira qu'un recouvrement T de R est plus fin que le recouvrement S si T est une S-algèbre. Deux recouvrements S et T possèdent le raffinement $S \otimes T$. Ces propriétés, convenablement formalisées, ont conduit aux topologies de Grothendieck. (Voir par exemple Shatz [Sh]).

Soit M un R-module. Nous dirons que M est localement libre de type fini (pour la topologie de Zariski) s'il existe un recouvrement $\prod_{i=1}^{n} R_{f_i}$ de R tel que pour tout $i, i = 1,\ldots,n$, $M_{f_i} = M \otimes R_{f_i}$ est libre de type fini sur R_{f_i} . Un module localement libre M n'est pas libre en général, même si les rangs des M_{f_i} sont tous égaux.

Lemme 5.2 . Soit M un R-module. Les propriétés suivantes sont équivalentes:

(a) M est projectif de type fini.

(b) M est de présentation finie et pour tout $\underline{p} \in \mathrm{Spec}(R)$, $M_p = M \otimes R_p$ est un R_p-module libre.

(c) M est de présentation finie et pour tout $\underline{m} \in \max(R)$, $M_{\underline{m}}$ est un $R_{\underline{m}}$-module libre.

(d) Pour tout $\underline{m} \in \max(R)$, il existe $f \notin \underline{m}$ tel que M_f soit un R_f-module libre de rang fini.

(e) M est localement libre de type fini.

Démonstration . (a) $\Rightarrow$ (b) $\Rightarrow$ (c) est clair par extension des scalaires et par 2.6 .

(d) $\Rightarrow$ (e) suit de la compacité de Spec(R) pour la topologie de Zariski. En effet, pour tout $\underline{p} \in \mathrm{Spec}(R)$, il suffit de choisir $\underline{m}$ tel que $\underline{p} \subset \underline{m}$. On le démontre aussi directement en considérant l'ensemble E des $f \in R$ tel que M_f soit libre sur R_f. Par hypothèse, E n'est contenu dans aucun idéal maximal, donc engendre R. Il existe donc une famille finie f_i, $i = 1,\dots n$, $f_i \in E$ et des $a_i \in R$ tels que $1 = \sum a_i f_i$ d'où (e).

(e) $\Rightarrow$ (a) : Notons $S = \prod_{i=1}^{n} R_{f_i}$ un recouvrement de R tel que M_{f_i} soit libre de rang fini sur R_{f_i} et N le S-module $N = \prod M_{f_i} = S \otimes M$. Pour chaque i, il existe un R_{f_i}-module libre de rang fini L_i tel que M_{f_i} soit facteur direct de L_i et que tous les L_i, $i = 1,\dots,n$ aient même rang. Donc $L = \prod_{i=1}^{n} L_i$ est un S-module libre dont N est facteur direct, autrement dit N est S-projectif de type fini. Il suit alors de 5.1 et de 3.6 que M est projectif de type fini.

Pour montrer que (c) $\Rightarrow$ (d) nous utiliserons le lemme suivant:

<u>Lemme 5.3</u>. Soient M un R-module de type fini, N un R-module de présentation finie et $\phi : M \to N$ un homomorphisme de R-modules. Si pour un élément $\underline{p} \in \mathrm{Spec}(R)$, $\phi_{\underline{p}} : M_{\underline{p}} \to N_{\underline{p}}$ est un isomorphisme, il existe $f \notin \underline{p}$ tel que $\phi_f : M_f \to N_f$ soit un isomorphisme.

<u>Démonstration</u>. Supposons tout d'abord que $N = (0)$. Soit $\{m_i , i = 1,\dots,n\}$ un système de générateurs de M. Comme $m_i = 0$ dans $M_{\underline{p}}$, il existe $s_i \notin \underline{p}$ tel que $s_i m_i = 0$, $(i=1,\dots,n)$. Si l'on pose $s = s_1 \cdots s_n$, on a donc $s \cdot m_i = 0$ pour tout i et par conséquent $M_s = 0$. Dans le cas général, posons $C = \mathrm{Coker}\,\phi$. Puisque C est de type fini et que $C_{\underline{p}} = 0$, il existe $s \notin p$ tel que $C_s = 0$. En inversant déjà cet élément s, on voit que l'on peut alors supposer que ϕ soit surjectif. En effet, les conditions de finitude pour M

et N se transmettent. Mais alors $Ker(\phi)$ est de type fini d'après 2.1 et $(Ker(\phi))_{\underline{p}} = 0$. Il existe donc $f \notin \underline{p}$ tel que $(Ker(\phi))_f = 0$.

Montrons maintenant l'implication (c) $\Longrightarrow$ (d) de 5.2. Soit $\{x_i, i=1,\ldots,n\}$ une base de $M_{\underline{m}}$, telle que $x_i \in M$, $(i=1,\ldots,n)$. Si F est le R-module libre de base $\{e_i, i=1,\ldots,n\}$, l'homomorphisme $\phi : F \to M$ défini par $\phi(e_i) = x_i$ $(i=1,\ldots,n)$ est tel que $F_{\underline{m}} \xrightarrow{\simeq} M_{\underline{m}}$, d'où le résultat, par 5.3.

§6 Rang et Pic

Soit R un anneau commutatif et soit P un R-module projectif de type fini. Pour tout $\underline{p} \in Spec(R)$, $P_{\underline{p}}$ est un $R_{\underline{p}}$-module libre de type fini; soit $r_{\underline{p}}$ son rang. Il suit de 5.2 que $\underline{p} \to r_{\underline{p}}$ définit une fonction localement constante $[P:R] : Spec(R) \to \mathbb{Z}$.

Lemme 6.1 . Soient P , Q des R-modules projectifs de type fini, et $P^* = Hom_R(P,R)$. On a

(a) $[P:R] = [P^*:R]$

(b) $[P \oplus Q:R] = [P:R] + [Q:R]$

(c) $[P \otimes Q:R] = [Hom_R(P,Q):R] = [P:R] \cdot [Q:R]$

De plus P est fidèle si et seulement si $[P:R]$ est partout positif.

Démonstration . Les formules sont évidentes. Soit $Supp(P) = \{\underline{p} \in Spec(R)/P_{\underline{p}} \neq 0\}$. On a $Supp(P) = V(annP)$ où $annP = \{x \in R/xm = 0 \ \forall m \in P\}$ est l'annulateur de P . En effet si $s \in annP$ et $s \notin \underline{p}$, alors $P_{\underline{p}} = 0$. Inversément, soit $P_{\underline{p}} = 0$, si $x_1,\ldots,x_n$ engendrent P , on a $s_1,\ldots,s_n \notin \underline{p}$ tels que $s_i \cdot x_i = 0$. L'élément $s = s_1 \ldots s_n$ appartient alors à $ann(P)$ et $s \notin \underline{p}$.

Soit A un anneau (non nécessairement commutatif). On dit qu'un A-module projectif de type fini P est <u>fidèlement projectif</u> si $P \otimes_A M = 0$ entraîne que $M = 0$ pour tout A-module M .

<u>Lemme 6.2</u> . Soient R un anneau commutatif et P un R-module. Les propriétés suivantes sont équivalentes

a) P est fidèlement projectif.

b) P est projectif de type fini et fidèle.

c) Il existe un R-module Q et un entier n tel que $P \oplus Q \cong R^n$.

<u>Démonstration</u> . a) $\Longrightarrow$ b) car $P \otimes \text{ann}(P) = 0$ entraîne que $\text{Ann}(P) = 0$. Pour b) $\Longrightarrow$ c) voir Bass $[\text{Ba}]_2$ p.476 et c) $\Longrightarrow$ a) est évident.

Dans la suite, R désignera un anneau commutatif.

Soit P un R-module projectif de type fini. On a vu que le rang $[P:R]$ est une fonction localement constante $\text{Spec}(R) \to \mathbf{Z}$. Puisque Spec(R) est quasi-compact, $[P:R] = r$ ne prend qu'un nombre fini de valeurs différentes. Les sous-ensembles $X_n = r^{-1}(n)$ sont des ouverts (et fermés) disjoints presque tous vides de Spec(R) qui recouvrent Spec(R). Soient e_n les idempotents de R tels que $X_n = V(e_n R)$ (voir §5); ils sont orthogonaux, presque tous nuls et $\Sigma e_n = 1$. On a alors le résultat suivant:

<u>Lemme 6.3</u> . Soit P un R-module projectif de rang fini. Alors il existe une décomposition $R = R_1 \times \ldots \times R_t$, $P = P_1 \times \ldots \times P_t$ telle que P_i soit de rang constant sur R_i .

<u>Lemme 6.4</u> . Soit P un R-module. Les propriétés suivantes sont équivalentes

(a) P est projectif de type fini et $[P:R] = 1$.

(b) P est projectif de type fini et $R \xrightarrow{\simeq} \mathrm{End}_R(P)$.

(c) P est de présentation finie et pour tout $\underline{m} \in \mathrm{Max}(R)$, $P_{\underline{m}} \cong R_{\underline{m}}$.

(d) Si $P^* = \mathrm{Hom}_R(P,R)$ est le dual de P , l'homomorphisme canonique $P^* \otimes P \to R$ donné par $f \otimes x \to f(x)$, $f \in P^*$, $x \in P$ est un isomorphisme.

(e) Il existe un R-module Q tel que $P \otimes Q \cong R$.

Démonstration .

(a) $\Longrightarrow$ (b) : Si $[P:R] = 1$, l'application canonique $R \to \mathrm{End}_R(P)$ est localement une égalité, donc globalement d'après 3.4.

(b) $\Longrightarrow$ (c) : P étant projectif de type fini, est de présentation finie. De plus, on a $P_{\underline{m}} \cong R_{\underline{m}}^{n(\underline{m})}$ et l'égalité $\mathrm{End}_R(P) = R$ donne $n(\underline{m}) = 1$ pour tout $\underline{m} \in \mathrm{Max}(R)$.

(c) $\Longrightarrow$ (d) : Puisque P est de présentation finie, $(P^*)_{\underline{m}} = (P_{\underline{m}})^*$ (4.1 (b)). Il est alors clair que $P^* \otimes P \to R$ est localement un isomorphisme, donc globalement.

(d) $\Longrightarrow$ (e) : On choisit $Q = P^*$.

(e) $\Longrightarrow$ (a) : P est fidèlement projectif d'après 6.2 . Il suffit alors de compter les rangs.

On dira qu'un R-module vérifiant les propriétés équivalentes de 6.4 est inversible.

Proposition 6.5 . Soit R un anneau semilocal (c'est-à-dire que R ne possède qu'un nombre fini d'idéaux maximaux différents) et soit P

un R-module projectif de type fini. Si le rang de P est constant, alors P est libre. En particulier tout module inversible est libre.

Démonstration . C'est clair si R est un produit fini de corps. $K_1 \times \ldots \times K_n$. En effet P est alors un produit $P_1 \times \ldots \times P_n$, où les P_i sont des K_i-espaces vectoriels tous de même dimension. Dans le cas général, soit $Rad(R)$ le radical de R . Le quotient $R/Rad(R)$ est un produit de corps. On conclut alors comme dans la démonstration de 2.6 (voir remarque 2.7).

Notons $Pic(R)$ l'ensemble des classes d'isomorphie de R-modules inversibles. Le produit tensoriel induit une structure de groupe abélien sur $Pic(R)$, la classe (R) de R étant l'élément neutre et l'inverse de (P) étant donné par (P^*) .

Soit S une R-algèbre commutative. Si P est un R-module inversible, $P \otimes S$ est un S-module inversible. On le voit par exemple à l'aide de 6.4 (b) et de 4.1 (b). On obtient ainsi un homomorphisme de groupes abéliens $Pic(R) \to Pic(S)$. Il est d'usage de noter $Pic(S/R)$ son noyau.

Proposition 6.6 . Soit R un anneau noethérien commutatif. Tout R-module inversible est isomorphe à un idéal de R .

Démonstration . Si R est noethérien, l'anneau total des fractions F de R est semilocal (Bourbaki $[B]_2$ Chap. II p. 151). Il suit alors de 6.5 que $Pic(R) = Pic(F/R)$. Pour tout R-module inversible P , on a donc un isomorphisme $\phi : P \otimes F \xrightarrow{\simeq} F$ de F-modules. Puisque F est plat sur R , on a $\phi(P)F = F$. Comme $\phi(P)$ est de type fini, il existe $s \in F$ tel que $s\phi(P) \subset R$. L'application $s\phi : P \to R$ est injective car s ne divise pas zéro.

§7 La théorie de Morita

Nous nous bornerons au rappel de quelques résultats. Les démonstrations peuvent être trouvées dans Bass, $[Ba]_2$. Comme toujours, R est un anneau commutatif. Soient B une R-algèbre et P un B-module à droite. Posons $A = \mathrm{End}_B(P)$ et $Q = \mathrm{Hom}_B(P,B)$. Le module P devient alors un A-B-bimodule et Q un B-A-bimodule. Définissons $f_p : P \otimes_B Q \to A$ par $f_p(p \otimes q)(p') = p(qp')$ et $g_p : Q \otimes_A P \to B$ par $g_p(q \otimes p) = q(p)$. Les homomorphismes f_p et g_p sont associatifs dans le sens suivant: si l'on note $f_p(p \otimes q) = pq$ et $g_p(q \otimes p) = qp$, on a $(pq)p' = p(qp')$ et $(qp)q' = q(pq')$. De façon générale, la donnée de deux algèbres A , B , de bimodules P et Q , et d'homomorphismes associatifs f et g (A,B,P,Q,f,g) est appelée une <u>donnée de prééquivalence</u> et une <u>donnée d'équivalence</u> lorsque f et g sont des isomorphismes.

<u>Lemme 7.1</u> . $(\mathrm{End}_B(P),B,P,f_p,g_p)$ est une donnée de prééquivalence. De plus

(a) f_p est surjectif $\Leftrightarrow$ P est projectif de type fini sur B et alors f_p est un isomorphisme.

(b) g_p est surjectif $\Leftrightarrow$ P est un générateur de mod-B et alors g_p est un isomorphisme.

(c) $(\mathrm{End}_B(P),B,P,f_p,g_p)$ est une donnée d'équivalence $\Leftrightarrow$ P est un B-module fidèlement projectif.

Une donnée d'équivalence (A,B,P,Q,f,g) induit des équivalences entre les catégories de modules sur A et sur B . De façon précise, on a:

<u>Lemme 7.2</u> . Si (A,B,P,Q,f,g) est une donnée d'équivalence alors:

(1) Les foncteurs $P \otimes_B$, $\otimes_A P$, $Q \otimes_A$, $\otimes_B Q$ définissent des équivalences entre les catégories appropriées de modules.

(2) P et Q sont fidèlement projectifs à la fois comme A- et comme B-modules.

(3) f et g induisent des isomorphismes de bimodules de P et Q avec les duaux de Q et P par rapport à A et par rapport à B .

(4) Les homomorphismes de R-algèbres

$$\mathrm{Hom}_B(P,P) \leftarrow A \rightarrow \mathrm{Hom}_B(Q,Q)^o$$

$$\mathrm{Hom}_A(P,P)^o \leftarrow B \rightarrow \mathrm{Hom}_A(Q,Q)$$

induits par les structures de bimodules de P et Q sont des isomorphismes.

Pour une donnée de préequivalence (A,B,P,Q,f,g) , on a:

<u>Lemme 7.3</u> . Si f est surjectif, alors

(1) f est un isomorphisme.

(2) P et Q sont des générateurs pour les catégories de A-modules.

(3) P et Q sont projectifs de type fini sur B .

(4) g induit des isomorphismes de bimodules $P \cong \mathrm{Hom}_B(Q,B)$ et $Q \cong \mathrm{Hom}_B(P,B)$.

(5) Les homomorphismes de R-algèbres induits par les structures de bimodules

$$\mathrm{Hom}_B(P,P) \leftarrow A \rightarrow \mathrm{Hom}_B(Q,Q)^o$$

sont des isomorphismes.

II. THEORIES DE LA DESCENTE

§1 Introduction

Soient R un anneau commutatif et S une R-algèbre commutative. Nous noterons toujours $\otimes$ le produit tensoriel sur R . Si N est un R-module, N_S désignera le S-module $N \otimes S$ et si $f : N \to N'$ est un homomorphisme de R-modules, f_S désignera le S-homomorphisme $f \otimes 1_S : N_S \to N'_S$.

Beaucoup de propriétés de N sur R se transmettent, par extension des scalaires, à des propriétés de N_S sur S . Les théories de la descente s'occupent du passage inverse. De façon plus précise, nous étudierons les problèmes suivants.

(a) Soit N un R-module. Comment vérifier qu'un élément $y \in N_S$ provient d'un élément x de N , c'est-à-dire que $y = x \otimes 1_S$? De même, quand un S-homomorphisme $g : N_S \to N'_S$ est-il induit par un R-homomorphisme $f : N \to N'$, c'est-à-dire que $g = f_S$? C'est le problème de la descente des éléments et des homomorphismes. Un exemple est donné par la théorie de Galois: si $K \subset L$ est une extension galoisienne finie de groupe G , $x \in L$ appartient à K si et seulement si x est invariant par G .

(b) Etant donné un S-module M , quand est-il induit par un R-module N ? C'est-à-dire quand existe-t-il un R-module N tel que $M \cong N_S$? Quelles hypothèses faut-il faire sur S et M pout l'existence et l'unicité de M ? On a là le problème de la descente des modules. Quelques exemples montrent l'intérêt de cette question.

Si $K \subset L$ est une extension de corps et que M est un espace vectoriel sur L , on voit en choisissant une base de M sur L , que M est toujours de la forme N_L pour un espace vectoriel N sur K . Le problème devient intéressant lorsque M possède une multiplication (module quadratique, algèbre). Comment vérifier que cette multiplication sur L provient d'une multiplication sur K ?

Pour une extension d'anneaux commutatifs $R \subset S$, la descente des modules n'est pas toujours possible. Par exemple, pour l'extension $\mathbb{Z} \subset \mathbb{Z}[\sqrt{-5}]$ de groupe de classes d'idéaux $\mathbb{Z}/2\mathbb{Z}$, un idéal non principal ne saurait provenir de $\mathbb{Z}$. Montrons finalement que le recollement des faisceaux sur Spec(R) conduit à un problème de descente des modules. Soit $\{U_{f_i}, i \in I\}$ un recouvrement de Spec(R) . La donnée d'une famille $\{M_i\}$ de R_{f_i}-modules équivaut à la donnée d'un module $M = \prod_{i \in I} M_i$ sur $S = \prod_{i \in I} R_{f_i}$. Recoller les M_i revient donc à trouver un R-module N tel que $M = N_S$.

(c) Pour un R-module N et une R-algèbre commutative S donnés, comment peut-on classer les R-modules N' tels que $N'_S = N_S$ sur S ? On dit qu'un tel module N' est une forme tordue de N pour la R-algèbre S . Ce problème peut aussi être posé pour d'autres structures. Ainsi nous étudierons en détail les formes tordues des algèbres de matrices.

La descente galoisienne est probablement le premier exemple de descente. Elle a été utilisée par Weil en géométrie algébrique pour l'étude des problèmes de rationalité (voir Serre $[Se]_1$ p. 108) et par Jacobson en théorie des algèbres de Lie pour classer les algèbres simples (voir Jacobson $[J]_1$ chap. X et Seligman [S] chap. IV). Un autre exemple est la descente radicielle de hauteur un appliquée en géométrie algébrique par Cartier [C] et dans l'étude des algèbres de Lie restreintes par Jacobson. En 1964, Jacobson $[J]_2$ puis en 1968 Allen et Sweedler [AS] développèrent des théories de la descente pour des extensions finies de corps qui généralisent ces deux exemples. Mais déjà en 1959, Grothendieck avait donné dans un séminaire Bourbaki $[Gr]_1$ une théorie très générale de la descente. Formulée tout d'abord de façon purement catégorique (voir aussi Giraud $[Gi]_1$), cette théorie est ensuite appliquée aux schémas. Nous la présenterons ici dans le cas affine. Elle s'applique alors aux extensions fidèlement plates. Un cas particulier est la descente fidèlement projective (ce que Grothendieck appelle la descente par morphismes finis fidèlement plats). Nous verrons que les théories de Weil, Cartier, Jacobson, Sweedler... peuvent s'interpréter dans le cadre de cette dernière théorie.

§2 La descente fidèlement plate des éléments et des homomorphismes

Soit S une R-algèbre commutative. Pour tout produit tensoriel sur R $M_1 \otimes \dots \otimes M_n$, définissons

$$\varepsilon_i : M_1 \otimes .. \otimes M_n \to M_1 \otimes .. \otimes M_{i-1} \otimes S \otimes M_i \otimes .. \otimes M_n$$

par $\varepsilon_i(m_1 \otimes .. \otimes m_n) = m_1 \otimes .. \otimes m_{i-1} \otimes 1 \otimes m_i \otimes .. m_n$, où $m_k \in M_k$.

Le complexe additif d'Amitsur $C^+(S/R)$ est la suite de R-modules

$$0 \to R \xrightarrow{\varepsilon_o} S \xrightarrow{\Delta_o^+} S \otimes S \xrightarrow{\Delta_1^+} S \otimes S \otimes S \xrightarrow{\Delta_2^+} \dots$$

où ε_o est l'unité et $\Delta_n^+(x) = \sum_{i=1}^{n+2} (-1)^{i+1} \varepsilon_i(x)$.

Proposition 2.1 . Pour tout S-module N et toute R-algèbre fidèlement plate S , la suite $N \otimes C^+(S/R)$

$$0 \to N \xrightarrow{1 \otimes \varepsilon_o} N_S \xrightarrow{1 \otimes \Delta_o^+} N_{S \otimes S} \xrightarrow{1 \otimes \Delta_1^+} N_{S \otimes S \otimes S} \xrightarrow{1 \otimes \Delta_2^+}$$

est exacte. En particulier

$$0 \longrightarrow R \xrightarrow{\varepsilon_0} S \xrightarrow{\Delta_0^+} S\otimes S \xrightarrow{\Delta_1^+} \ldots\ldots$$

est exacte.

Démonstration . Pour simplifier, notons $S^{(k)} = S\otimes\ldots\otimes S$ (k facteurs). Puisque S est fidèlement plate, il suffit de montrer que la suite obtenue en tensorisant une fois à droite par S est exacte. Montrons cette exactitude en $N\otimes S^{(k)}$, $k \geq 1$. Soit $\sum_j n_j \otimes s_{1j} \otimes\ldots\otimes s_{kj} \in \mathrm{Ker}(1\otimes\Delta_k^+\otimes 1)$. On a $\sum_j n_j \otimes 1 \otimes s_{1j} \otimes\ldots\otimes s_{kj} =$ $\sum_j n_j \otimes s_{1j} \otimes 1 \otimes\ldots\otimes s_{kj} - \sum_j n_j \otimes s_{1j} \otimes s_{2j} \otimes 1 \ldots \otimes s_{kj} + \ldots\ldots$ donc par multiplication des deux premiers facteurs,

$\sum_j n_j \otimes s_{1j} \otimes\ldots\otimes s_{kj} = (1\otimes\Delta_{k-1}^+\otimes 1)(\sum_j n_j s_{1j} \otimes s_{2j} \otimes\ldots\otimes s_{kj})$.

2.2 Application à la descente des éléments

Soit $R\subset S$ une algèbre fidèlement plate. D'après 2.1, un élément $x\in S$ appartient à R si et seulement si $\varepsilon_1(x) = \varepsilon_2(x)$, c'est-à-dire $x\otimes 1 = 1\otimes x$.

2.3 Exemple: Donnée locale d'un élément

Soit $S = \prod_{i=1}^{n} R_{f_i}$ un recouvrement de Zariski de R . Un élément $x = (x_1,\ldots,x_n)$ de S provient d'un élément y de R si et seulement si $x\otimes 1 = 1\otimes x$ dans $S\otimes S$. Mais $S\otimes S$ s'identifie à $\prod_{i,j} R_{f_i f_j}$ car $R_{f_i}\otimes R_{f_j}$ s'identifie à $R_{f_i f_j}$. L'élément x est donc défini sur tout R si et seulement si pour toute paire (i,j) les images de x_i et x_j dans $R_{f_i f_j}$ sont égales. De plus la donnée des x_i détermine y de façon univoque, car $R \longrightarrow S$ est injective.

Montrons encore comment construire effectivement y . On peut écrire $x_i \in R_{f_i}$ sous la forme $\frac{y_i}{f_i^p}$ où $y_i \in R$ et p est le même entier pour chaque i . Puisque les images de x_i et x_j coincident dans $R_{f_i f_j}$, il existe un entier q tel que

$(f_i f_j)^q f_j^p y_i = (f_i f_j)^q f_i^p y_j$. Comme les f_i engendrent R , on peut trouver des éléments $g_i \in R$ tels que $\sum g_i f_i^{q+p} = 1$. On vérifie alors que $y = \sum g_i f_i^q y_i$ est l'élément cherché.

2.4 Application: La construction du polynôme caractéristique

Soient P un R-module projectif de type fini et α un endomorphisme de P . Choississons (voir 5.2) un recouvrement $S = \prod_{i=1}^{n} R_{f_i}$ de R tel que P_{f_i} soit libre de rang fini sur R_{f_i} . Notons $\alpha \otimes 1_{R_{f_i}} = \alpha_i$; le polynôme caractéristique $p(\alpha_i,t)$ de α_i se calcule alors de la façon habituelle (Bourbaki $[B]_1$ A.III 107), $p(\alpha_i,t) = \det(\alpha_1 - t\cdot 1)$ où det dénote le déterminant de la matrice $\alpha_i - t\cdot 1$ à coefficients dans $R_{f_i}[t]$. L'élément $(p(\alpha_1,t),\ldots,p(\alpha_n,t))$ de $S[t]$ provient d'un élément de $R[t]$ car, puisque le déterminant d'une matrice commute avec l'extension des scalaires, on a $(p(\alpha_i,t))_{f_j} = p(\alpha \otimes 1_{R_{f_i f_j}},t) = (p(\alpha_j,t))_{f_i}$. On appellera cet élément le polynôme caractéristique $p(\alpha,t)$ de l'endomorphisme α . Vérifions encore que $p(\alpha,t)$ ne dépend pas du choix du recouvrement S . Soit $T = \prod R_{g_j}$ un recouvrement de R tel que P_{g_j} soit libre sur R_{g_j} et soit $p'(\alpha,t)$ le polynôme caractéristique construit à l'aide de T . En utilisant de nouveau le fait que le déterminant d'une matrice commute avec l'extension des scalaires, on a $p(\alpha,t)\otimes 1_{f_i g_j} = p'(\alpha,t)\otimes 1_{g_j f_i}$ pour tout i et j . L'égalité $p(\alpha,t) = p'(\alpha,t)$ suit alors du fait que $\prod R_{f_i g_j} = S\otimes T$ est un recouvrement de R et qu'un élément de R est déterminé uniquement par ses images locales.

Il est clair que le polynôme caractéristique ainsi construit a les propriétés habituelles. Par exemple, tout endomorphisme α annule son polynôme caractéristique (Th. de Cayley-Hamilton).

Un peu de prudence est nécessaire pour la définition de la <u>trace</u> $tr(\alpha)$ et du <u>déterminant</u> $det(\alpha)$ de α , car $p(\alpha,t)$ n'est pas en général de degré constant. Si P est de rang constant r , on a $p(\alpha,t) = t^r - tr(\alpha)t^{r-1} + \ldots (-1)^r det(\alpha)$ et localement $tr(\alpha) \otimes 1_{R_{f_i}} = tr(\alpha \otimes 1_{R_{f_i}})$, $det(\alpha) \otimes 1_{R_{f_i}} = det(\alpha \otimes 1_{R_{f_i}})$ sont les traces et déterminants habituels. Si P n'est pas de rang constant, on peut soit décomposer R en un produit d'anneaux tel que P soit de rang constant sur chaque facteur, soit répéter directement pour la trace et le déterminant la construction donnée pour le polynôme caractéristique. On vérifie facilement que le déterminant et la trace ainsi construits ont les propriétés voulues, en particulier, $det(\alpha \circ \beta) = det\alpha \cdot det\beta$ et $det(\alpha \otimes 1_C) = det(\alpha) \otimes 1_C$ pour toute R-algèbre commutative C .

Les homomorphismes se descendent comme les éléments:

<u>Proposition 2.5</u> . Soient N , N' des R-modules et S une R-algèbre fidèlement plate. La suite exacte $0 \to R \xrightarrow{\varepsilon_0} S \xrightarrow{\Delta_0^+} S \otimes S$ induit une suite exacte

$$0 \to Hom_R(N,N') \to Hom_S(N_S,N'_S) \to Hom_{S \otimes S}(N_{S \otimes S},N'_{S \otimes S})$$

<u>Démonstration</u> . Soit $f : N \to N'$ un homomorphisme de R-modules. Par extension des scalaires, on obtient un diagramme commutatif

$$\begin{array}{ccccc} N & \xrightarrow{1 \otimes \varepsilon_0} & N_S & \xrightarrow{1 \otimes \Delta_0^+} & N_{S \otimes S} \\ f\downarrow & & \downarrow f_S & & \downarrow f_{S \otimes S} \\ N' & \xrightarrow{1 \otimes \varepsilon_0} & N'_S & \xrightarrow{1 \otimes \Delta_0^+} & N'_{S \otimes S} \end{array}$$

Comme $N' \to N'_S$ est injectif (2.1) , f_S détermine f . Supposons que $g : N_S \to N'_S$ induise deux applications $g \otimes 1_S$ et $1_S \otimes g : N_{S \otimes S} \to N'_{S \otimes S}$ égales. Pour montrer que g provient d'une application de N dans N' , il suffit de montrer que la restriction de g à N applique N dans N' . D'après 2.1 il suffit de vérifier que pour tout $x \in N$, $\varepsilon_1 g(x) = \varepsilon_2 g(x)$. Mais par hypothèse $(1 \otimes g)(\varepsilon_1(x)) = (g \otimes 1)(\varepsilon_2(x))$ et puisque $x \in N$, $\varepsilon_1(x) = \varepsilon_2(x)$. Par conséquent

$$\varepsilon_1 g(x) = (1 \otimes g)(\varepsilon_1(x)) = (g \otimes 1)(\varepsilon_1(x)) = (g \otimes 1)(\varepsilon_2(x)) = \varepsilon_2 g(x) .$$

Exemple 2.6 . Encore la trace!

Si P est projectif de type fini, on sait que $End_R(P) = P \otimes P^*$ où $P^* = Hom_R(P,R)$. L'application $End_R(P) = P \otimes P^* \xrightarrow{t} R$ donnée par $t(x \otimes \phi) = \phi(x)$ est la trace définie en 2.4 . En effet, si P est libre, on choisit une base $e_1,\dots,e_n$ de P et une base $\phi_1,\dots,\phi_n$ de P^* telles que $\phi_i(e_j) = \delta_{ij}$ et l'assertion peut être vérifiée directement. Sinon on choisit un recouvrement $S = \prod R_{f_i}$ tel que P_{f_i} soit libre sur R_{f_i} et le résultat suit par descente des homomorphismes.

§3 Descente fidèlement plate des modules et des algèbres

Soit S une R-algèbre commutative. Pour tout homomorphisme de modules $f : M_1 \otimes .. \otimes M_k \to M_1' \otimes .. \otimes M_k'$, notons f_i l'homomorphisme $M_1 \otimes .. \otimes S \otimes ... \otimes M_k \to M_1' \otimes .. \otimes S \otimes .. \otimes M_k'$ obtenu en tensorisant f avec l'identité de S en i-ème position.

Pour tout S-module M , notons $S \otimes M$ et $M \otimes S$ les deux $S \otimes S$-modules obtenus à partir de M par extension des scalaires. Tout $S \otimes S$-homomorphisme $g : S \otimes M \to M \otimes S$ induit trois $S \otimes S \otimes S$-homomorphismes

$$g_1 : S \otimes S \otimes M \to S \otimes M \otimes S$$
$$g_2 : S \otimes S \otimes M \to M \otimes S \otimes S$$
$$g_3 : S \otimes M \otimes S \to M \otimes S \otimes S$$

Composé avec la multiplication $m : M \otimes S \to M$, g induit également un homomorphisme $\bar{g} : M \to M$ de S-modules:

$$\bar{g} : M \xrightarrow{\varepsilon \otimes 1} S \otimes M \xrightarrow{g} M \otimes S \xrightarrow{m} M$$

Un $S \otimes S$-homomorphisme $g : S \otimes M \to M \otimes S$ tel que $g_2 = g_3 g_1$ et que $\bar{g}$ soit l'identité de M est appelé une donnée de descente pour M sur S .

La proposition suivante donne une autre caractérisation des données de descente. Par la suite, nous utiliserons indifféremment l'une ou l'autre caractérisation.

Proposition 3.1 . Les propriétés suivantes sont équivalentes

(a) $g : S \otimes M \to M \otimes S$ est une donnée de descente

(b) $g : S \otimes M \to M \otimes S$ est un isomorphisme de $S \otimes S$-modules tel que $g_2 = g_3 g_1$.

Démonstration . (a) $\Longrightarrow$ (b) : Si $g : S \otimes M \to M \otimes S$ est un $S \otimes S$-homomorphisme, l'application $g' : M \otimes S \to S \otimes M$ obtenue à l'aide de g en permutant les facteurs dans les deux produits tensoriels est aussi un $S \otimes S$-homomorphisme. Montrons que si g est une donnée de descente, g' est l'inverse de g . Si $g(1 \otimes m) = \sum_i m_i \otimes s_i$ et $g(1 \otimes m_i) = \sum_j m_{ij} \otimes t_j$, on a $g'(g(1 \otimes m)) = g'(\sum_i m_i \otimes s_i) = \sum_{i,j} t_j \otimes s_i m_{ij}$. Il suit de $g_2 = g_3 g_1$ que $\sum_i m_i \otimes 1 \otimes s_i = \sum_{i,j} m_{ij} \otimes t_j \otimes s_i$ d'où, par multiplication des facteurs extrêmes, $1 \otimes \sum_i m_i s_i = \sum_{i,j} t_j \otimes s_i m_{ij}$. Mais puisque $\bar{g}$ est l'identité, $m = \sum m_i s_i$ et $g'(g(1 \otimes m)) = 1 \otimes m$. On montre de même que $g(g'(m \otimes 1)) = m \otimes 1$ pour tout $m \in M$.

(b) $\Longrightarrow$ (a) : Il faut montrer que $\bar{g}$ est l'identité de M . Utilisant les mêmes notations que dans la première partie, on a $g(1 \otimes m) = \sum_i m_i \otimes s_i$ et $g(1 \otimes \sum_i m_i s_i) = \sum_{i,j} m_{ij} \otimes t_j s_i$. Il suit de

$g_2 = g_3 g_1$ que $\sum_i m_i \otimes s_i = \sum_{i,j} m_{ij} \otimes t_j s_i$, d'où le résultat puisque g est un isomorphisme.

<u>Théorème 3.2</u> . (<u>Théorème de descente fidèlement plate</u>)
Si $g : S \otimes M \longrightarrow M \otimes S$ est une donnée de descente pour M et si S fidèlement plate sur R , alors il existe un R-module N et un isomorphisme $\eta : N_S \longrightarrow M$ de S-modules tel que le diagramme de $S \otimes S$-modules

$$\begin{array}{ccccc} & & S \otimes N_S & \xrightarrow{1 \otimes \eta} & S \otimes M \\ & \overset{\sim}{\nearrow} & & & \\ N_{S \otimes S} & & & & \downarrow g \\ & \overset{\sim}{\searrow} & & & \\ & & N_{S \otimes S} & \xrightarrow[\eta \otimes 1]{} & M \otimes S \end{array}$$

commute. De plus, la paire (N,η) est définie par cette propriété à un isomorphisme près. On peut poser $N = \{x \in M | x \otimes 1 = g(1 \otimes x)\}$ et η est alors simplement la multiplication des scalaires.

<u>Démonstration</u> . Soit $N = \{x \in M | x \otimes 1 = g(1 \otimes x)\}$ et définissons $\eta : N \otimes S \longrightarrow M$ par $\eta(n \otimes s) = ns$. Montrons que η est un isomorphisme. Le module N est noyau de la paire

$$0 \longrightarrow N \longrightarrow M \underset{g\varepsilon_1}{\overset{\varepsilon_2}{\rightrightarrows}} M \otimes S \ .$$

Examinons le diagramme de S-modules

$$\begin{array}{ccccccc} 0 \longrightarrow & S \otimes N & \longrightarrow & S \otimes M & \underset{1 \otimes g\varepsilon_1}{\overset{1 \otimes \varepsilon_2}{\rightrightarrows}} & S \otimes M \otimes S \\ & & & \downarrow g & & \downarrow g_3 \\ 0 \longrightarrow & M & \longrightarrow & M \otimes S & \underset{\varepsilon_2}{\overset{\varepsilon_3}{\rightrightarrows}} & M \otimes S \otimes S \end{array}$$

où S opère toujours tout à gauche. Le carré supérieur commute par définition de g_3 . Il suit de la condition $g_2 = g_3 g_1$ que le carré inférieur commute aussi, en effet $(g_3 \cdot (1 \otimes g\varepsilon_1))(s \otimes m) =$ $g_3(s \otimes g(1 \otimes m)) = g_3 g_1(s \otimes 1 \otimes m) = g_2(s \otimes 1 \otimes m) = \varepsilon_2 g(s \otimes m)$. L'homomorphisme g induit donc par restriction une application $\Phi : S \otimes N \longrightarrow M$. Puisque $\Phi(1 \otimes n) = n \otimes 1$ pour $n \in N$, il est clair que $\Phi = \eta$. Tenant maintenant compte du fait que S agit aussi sur le deuxième facteur de $S \otimes M$ et $M \otimes S$ et que g est un isomorphisme de $S \otimes S$-modules, on obtient le diagramme commutatif

$$\begin{array}{ccccc} 0 & \longrightarrow & S \otimes N \otimes S & \xrightarrow{1 \otimes \eta} & S \otimes M \\ & & \downarrow{\scriptstyle \eta \otimes 1} & & \downarrow{\scriptstyle g} \\ 0 & \longrightarrow & M \otimes S & \longrightarrow & M \otimes S \ . \end{array}$$

Par conséquent η est un isomorphisme et la commutativité requise est démontrée. Montrons finalement l'unicité. Si (K,κ) et (N,η) sont deux solutions, posons $\rho = \eta^{-1}\kappa$

$$\begin{array}{ccc} K_S & \xrightarrow{\rho} & N_S \\ {\scriptstyle \kappa}\searrow & & \swarrow{\scriptstyle \eta} \\ & M & \end{array}$$

Le diagramme

$$\begin{array}{ccccc} & & S \otimes M & & \\ & \swarrow{\scriptstyle 1 \otimes \kappa} & & \searrow{\scriptstyle 1 \otimes \eta} & \\ K_{S \otimes S} & & \downarrow{\scriptstyle g} & & N_{S \otimes S} \\ & \searrow{\scriptstyle \kappa \otimes 1} & & \swarrow{\scriptstyle \eta \otimes 1} & \\ & & M \otimes S & & \end{array}$$

commute. Il en suit que $\rho \otimes 1 = 1 \otimes \rho$ dans $\mathrm{Hom}_{S \otimes S}(K_{S \otimes S}, N_{S \otimes S})$. D'après 2.5 , ρ est donc de la forme $\alpha \otimes 1$, $\alpha \in \mathrm{Hom}_R(K,N)$.

Le diagramme

$$\begin{array}{ccc} K_S & \xrightarrow{\alpha_S} & N_S \\ & \kappa \searrow \quad \swarrow n & \\ & M & \end{array}$$

signifie exactement que $(K,\kappa) = (N,n)$.

<u>Exemple 3.3</u> . <u>Le recollement des faisceaux</u>

Soit $S = \prod_{i=1}^{n} R_{f_i}$ un recouvrement de Zariski de R . Se donner un S-module revient à se donner une famille $\{M_i\}$ de R_{f_i}-modules, $(i=1,\ldots,n)$. Notons $R_{f_i} = R_i$ et $R_{f_i f_j} = R_{ij}$. Le produit tensoriel $R_i \otimes R_j$ s'identifie canoniquement à R_{ij} et par conséquent $S \otimes S = \prod_{i,j} R_{ij}$. Si $S \otimes M$ est donné par $S_i \otimes M_j = (M_j)_{f_i}$ et $M \otimes S$ par $M_i \otimes S_j = (M_i)_{f_j}$, un isomorphisme $g : S \otimes M \to M \otimes S$ est décrit par une famille $g_{ij} : (M_j)_{f_i} \xrightarrow{\sim} (M_i)_{f_j}$ de R_{ij}-isomorphismes et la condition de descente se lit $g_{ik} = g_{ij} g_{jk}$.

Soit N un R-module muni sur S d'une structure multiplicative $\mu : N_S \otimes_S N_S \to N_S$. Comment vérifier que cette structure provient déjà d'une structure multiplicative sur R ? Puisque $N_S \otimes_S N_S = (N \otimes N)_S$, μ appartient à $\mathrm{Hom}_S((N \otimes N)_S, N_S)$. D'après 2.5, μ provient d'une multiplication sur R si et seulement si les deux multiplications μ_1 et μ_2 de $N_{S \otimes S}$ sont identiques. Cette multiplication est alors univoquement déterminée par μ .

<u>Théorème 3.4</u> . Soit M une S-algèbre et $g : S \otimes M \to M \otimes S$ une donnée de descente. Si g est un isomorphisme de $S \otimes S$-algèbres, le module descendu (N,n) possède une unique structure de R-algèbre telle que $n : N_s \xrightarrow{\sim} M$ soit un isomorphisme de S-algèbres. N est associative, commutative etc... si et seulement si M l'est.

<u>Démonstration</u> . D'après ce qui précède, il suffit de vérifier que les deux multiplications induites sur $N_{S \otimes S}$ par celle de N_S sont égales. La multiplication μ de N_S est définie par le diagramme commutatif

$$(*) \qquad \begin{array}{ccc} (N \otimes N)_S = N_S \otimes_S N_S & \xrightarrow{\mu} & N_S \\ \eta \otimes_S \eta \downarrow & & \downarrow \eta \\ M \otimes_S M & \longrightarrow & M \end{array}$$

où la seconde ligne est donnée par la multiplication de M . Considérons le diagramme

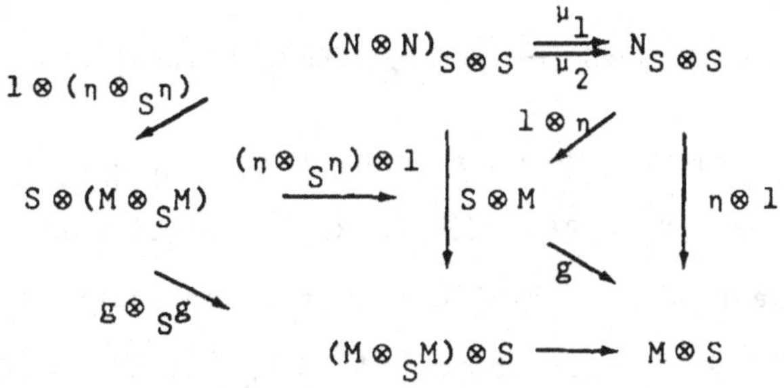

où les flèches horizontales sont les multiplications. Le carré inférieur commute car g est un homomorphisme d'algèbres. Les deux triangles commutent par construction de η et $\eta \otimes_S \eta$. Le carré supérieur via μ_1 commute, car il est déduit de (*) par produit tensoriel avec S à gauche et le grand carré via μ_2 aussi car il provient de (*) par tensorisation avec S à droite. Il faut donc que $\mu_1 = \mu_2$.

L'associativité, la commutativité etc... se discutent de façon analogues.

§4 La descente fidèlement projective

Soit S une R-algèbre fidèlement plate. Si de plus, S est projectif de type fini comme R-module, il suit de I.6.2 que S est un R-module projectif de type fini et fidèle. Nous dirons alors que S est une R-algèbre fidèlement projective.

Les deux propositions suivantes préparent un théorème de descente pour les algèbres fidèlement projectives.

Proposition 4.1 . Pour toute R-algèbre commutative S , projective de type fini comme R-module, et pour tout S-module M , il existe un isomorphisme canonique

$$\mathrm{Hom}_{S\otimes S}(S\otimes M, M\otimes S) \longrightarrow \mathrm{Hom}_{S\otimes S}(\mathrm{End}_R(S), \mathrm{End}_R(M))$$

Démonstration . Il suffit, de poser dans I.4.2 $S_1 = S_2 = S$, $M_1 = S$, $N_1 = M_2 = M$, $N_2 = S^* = \mathrm{Hom}_R(S,R)$ et d'utiliser I.4.3 (b). Remarquons qu'on peut décrire explicitement l'application: à $f \in \mathrm{Hom}_{S\otimes S}(S\otimes M, M\otimes S)$ correspond $f' \in \mathrm{Hom}_{S\otimes S}(\mathrm{End}_R(S), \mathrm{End}_R(M))$ défini par $f'(s\otimes\phi)(m) = \sum_i s\, m_i \phi(t_i)$, si $f(1\otimes m) = \sum_i t_i \otimes m_i$ et $s\otimes\phi \in S\otimes S^* = \mathrm{End}_R(S)$.

Proposition 4.2 . Soit S une R-algèbre fidèlement projective et soit M un S-module. A toute donnée de descente $g : S\otimes M \longrightarrow M\otimes S$ correspond une application $T : \mathrm{End}_R(S) \longrightarrow \mathrm{End}_R(M)$ telle que

(a) $T_{\alpha\beta} = T_\alpha \circ T_\beta$ et $T_1 = 1$

(b) $T_{s\alpha} = sT_\alpha$ et $T_{\alpha s} = T_\alpha s$

pour $\alpha, \beta \in \mathrm{End}_R(S)$ et $s \in S$.

Inversément, toute application T vérifiant (a) et (b) provient d'une donnée de descente.

<u>Démonstration</u> . Soit T l'application qui correspond à g par 4.1 . Notons $\rho : \mathrm{End}_R(S) \otimes M \to M$ l'action de $\mathrm{End}_R(S)$ sur M , $\rho(\alpha \otimes m) = \alpha(m)$, $\alpha \in \mathrm{End}_R(S)$, $m \in M$. Utilisant la forme explicite de l'isomorphisme 4.1, on a pour $\alpha = s \otimes \phi \in S \otimes S^* = \mathrm{End}_R(S)$, $\rho(s \otimes \phi \otimes m) = \sum s m_i \phi(t_i)$ si $g(1 \otimes m) = \sum m_i \otimes t_i)$. L'application ρ est donc la composition

$$\rho : S \otimes S^* \otimes M \xrightarrow{g \otimes 1_{S^*}} M \otimes S^* \otimes S \xrightarrow{1 \otimes t} M \otimes R = M$$

où t est la trace, définie par $t(\phi \otimes s) = \phi(s)$, $\phi \in S^*$, $s \in S$.

La condition $T_{\alpha\beta} = T_\alpha \circ T_\beta$ signifie que le diagramme

$$\begin{array}{ccc}
\mathrm{End}_R(S) \otimes \mathrm{End}_R(S) \otimes M & \xrightarrow{1 \otimes \rho} & \mathrm{End}_R(S) \otimes M \\
\Big\downarrow{\scriptstyle \mu \otimes 1} & & \Big\downarrow{\scriptstyle \rho} \\
\mathrm{End}_R(S) \otimes M & \xrightarrow[\rho]{} & M
\end{array}$$

où μ est la multiplication de $\mathrm{End}_R(S)$, commute, donc, en remplaçant $\mathrm{End}_R(S)$ par $S \otimes S^*$, que

$$\begin{array}{ccc}
S \otimes S^* \otimes S \otimes S^* \otimes M & \longrightarrow & S \otimes S^* \otimes M \otimes S^* \otimes S \\
\Big\downarrow{\scriptstyle \mu \otimes 1_M} & & \Big\downarrow{\scriptstyle g \otimes 1_{S^*} \otimes 1_{S^*} \otimes 1_S} \\
S \otimes S^* \otimes M & & M \otimes S^* \otimes S \otimes S^* \otimes S \\
\Big\downarrow{\scriptstyle g \otimes 1_{S^*}} & & \Big\downarrow{\scriptstyle 1_M \otimes t \otimes t} \\
M \otimes S^* \otimes S & \xrightarrow[1_M \otimes t]{} & M
\end{array} \qquad (*)$$

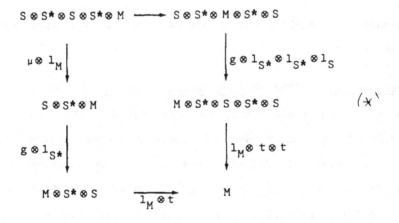

commute. Rappelons que la multiplication μ de $S \otimes S^*$ est donnée par $\mu(s \otimes \phi \otimes s' \otimes \phi') = s \otimes \phi(s')\phi'$. Il est alors facile de voir que la commutativité de ce diagramme suit de la condition de descente $g_2 = g_3 g_1$. Montrons maintenant que $T_1 = 1$ si $\bar{g} = 1$.

Ecrivons $1 \in End_R(S)$ sous la forme $1 = \sum s_j \otimes \phi_j$, $s_j \in S$, $\phi_j \in S^*$, c'est-à-dire que $\sum s_j \phi_j(s) = s$ pour tout $s \in S$. On a alors $T_1(m) = \sum s_j \phi_j(t_i) m_i = \sum t_i m_i = \bar{g}(m) = m$ pour tout $m \in M$. La condition (b) signifie simplement que l'application T est un $S \otimes S$-homomorphisme. Inversément, si T satisfait (b), T appartient à $Hom_{S \otimes S}(End_R(S), End_R(M))$ et d'après 4.1, T provient d'un $S \otimes S$-homomorphisme $g : S \otimes M \to M \otimes S$. Montrons que (a) entraîne que g est une donnée de descente. On a vu plus haut que $T_1 = 1$ est équivalent à $\bar{g} = 1$. Il reste à vérifier que $T_{\alpha\beta} = T_\alpha \circ T_\beta$ pour tout $\alpha, \beta \in End_R(S)$ entraîne $g_2 = g_3 g_1$. Soit $h = g_3 g_1 g_2^{-1} : M \otimes S \otimes S \to M \otimes S \otimes S$. Il suit du diagramme (*) que

$$\begin{array}{ccc} M \otimes S^* \otimes S \otimes S^* \otimes S & \xrightarrow{h \otimes 1_{S^*} \otimes 1_{S^*}} & M \otimes S^* \otimes S \otimes S^* \otimes S \\ {\scriptstyle 1 \otimes t \otimes t} \downarrow & & \downarrow {\scriptstyle 1 \otimes t \otimes t} \\ M & = & M \end{array}$$

commute. Le résultat suit alors du Lemme I.4.4(a) appliqué deux fois avec $P = S$.

<u>Théorème 4.3</u> . (<u>Théorème de descente fidèlement projective</u>).
Soient S une R-algèbre fidèlement projective et M un S-module. Le module M est induit par un R-module N, c'est-à-dire que $M \cong N \otimes S$ si et seulement si $End_R(S)$ possède une représentation T dans $End_R(M)$ telle que $T_{\alpha s} = T_\alpha s$ et $T_{s\alpha} = sT_\alpha$ pour tout $s \in S$ et $\alpha \in End_R(S)$. De plus, N est défini à un isomorphisme près par la condition $T_\alpha(n \otimes s) = n \otimes \alpha(s)$, $\alpha \in End_R(S)$, $n \in N$, $s \in S$ et on peut poser $N = \{x \in M | T_\alpha(sx) = \alpha(s)x$, $s \in S$ et $\alpha \in End_R(S)\}$. L'isomorphisme $N \otimes S \to M$ est alors simplement la multiplication.

Démonstration . La première partie suit de 4.2 et du théorème de descente fidèlement plate 3.2 . Il reste à vérifier la dernière assertion. Rappelons qu'en descente fidèlement plate, M est induit par $N' = \{x \in M | x \otimes 1 = g(1 \otimes x)\}$. On vérifie immédiatement que $N' \subset N$. En effet, si $\alpha = t \otimes \phi$, $t \in S$, $\phi \in S^*$, on $T_\alpha(sm) = \sum t m_i \phi(st_i)$ si $g(1 \otimes m) = \sum m_i \otimes t_i$. Pour $m \in N'$, on obtient donc $T_\alpha(sm) = mt\phi(s) = \alpha(s)m$. Inversément, si $m \in N$, on a $\sum \phi(t_i)m_i = \sum \phi(1)t_i m_i$ pour tout $\phi \in S^*$. Il suit alors de I.4.4 (b) appliqué à $\sum m_i \otimes t_i - \sum m_i t_i \otimes 1$ que

$g(1 \otimes m) = \sum m_i \otimes t_i = \sum m_i t_i \otimes 1 = m \otimes 1$ donc que $m \in N'$.

Exemple . Pour une extension finie de corps $K \subset L$, ce théorème se trouve aussi dans Jacobson $[J]_2$.

Remarque 4.4 . On peut appeler une représentation $T : End_R(S) \to End_R(M)$ telle que $T_{s\alpha} = sT_\alpha$ et $T_{\alpha s} = T_\alpha s$ une donnée de descente fidèlement projective pour M .

Remarque 4.5 . Si M possède une multiplication S-bilinéaire (module quadratique, algèbre etc.) $M \otimes M \to P$, on peut utiliser la proposition 2.5 (comme on l'a fait dans la démonstration du théorème 3.4 sur la descente fidèlement plate des algèbres) pour vérifier si cette multiplication provient d'une multiplication de N sur R .

Remarque 4.6 . Comme nous l'a signalé S. Chase, le théorème 4.3 peut aussi se démontrer directement à l'aide de la théorie de Morita (I.§7). En effet, le R-module S étant fidèlement projectif, les catégories de modules sur R et sur $End_R(S)$ (à gauche) sont équivalentes; l'équivalence R-Mod $\to$ $End_R(S)$-Mod est donnée par $N \to S \otimes N$, $End_R(S)$ agissant à gauche sur S (I.7.1 et I. 7.2). La donnée de descente T signifie que M est un $End_R(S)$-module et est donc isomorphe comme $\mathrm{End}_R(S)$-module à un module de la forme $S \otimes N$. Les conditions sur T impliquent que c'est aussi un isomorphisme de S-modules.

§5 La descente galoisienne

Soit $R \subset S$ une extension commutative et soit G un groupe fini de R-automorphismes de S . Notons S^G le sous-anneau de S des éléments invariants par G , $S^G = \{x \in S | \sigma(x) = x$ pour tout $\sigma \in G\}$.

Nous dirons que S est une extension galoisienne de groupe G si le R-module S est projectif de type fini et si $\mathrm{End}_R(S)$ possède la base $\{\sigma, \sigma \in G\}$ comme S-module à gauche et la table de multiplication $(s\sigma)(t\tau) = s\sigma(t)\sigma\tau$, $s,t \in S$, $\sigma,\tau \in G$.

Théorème 5.1 . (Descente galoisienne) Soient $R \subset S$ une extension galoisienne de groupe G et M un S-module. Si à tout $\sigma \in G$ correspond une bijection additive $\bar{\sigma}$ de M dans M telle que

1) $\bar{\sigma}(sm) = \sigma(s)\bar{\sigma}(m)$, $s \in S$, $m \in M$ (c'est-à-dire que $\bar{\sigma}$ est semi-linéaire)

2) $\overline{\sigma\tau} = \bar{\sigma}\bar{\tau}$ pour tout $\sigma,\tau \in G$,

alors il existe un R-module N et un isomorphisme $\eta : N_S \to M$ tels que $\bar{\sigma}\eta = \eta\sigma$, où $\sigma : N_S \to N_S$ est défini par $\sigma(n \otimes s) = n \otimes \sigma(s)$. La paire (N,η) est définie à un isomorphisme près par cette propriété. On peut choisir $N = M^G = \{x \in M | \bar{\sigma}(x) = x \quad \forall \sigma \in G\}$; η est alors la multiplication dans M .

Démonstration . Définissons $T : \mathrm{End}_R(S) \to \mathrm{End}_R(M)$ par $T_{s\sigma} = s\bar{\sigma}$, $s \in S$, $\sigma \in G$. Il suit de $\overline{\sigma\tau} = \bar{\sigma}\bar{\tau}$, $\overline{s\sigma} = s\bar{\sigma}$ et $\bar{\sigma}s = \sigma(s)\bar{\sigma}$ et de la définition des extensions galoisiennes que T est une donnée de descente fidèlement projective. Soit $N' = \{x \in M | T_\alpha(sx) = \alpha(s)x$, $\forall s \in S$, $\alpha \in \mathrm{End}_R(S)\}$. Il est évident que $N' \subset N$. Inversément, $T_{t\sigma}(sx) = t\sigma(s)\bar{\sigma}(x) = t\sigma(s)x$ si $x \in N$, donc $N \subset N'$.

La donnée d'une famille d'applications $\bar{\sigma} : M \to M$ vérifiant les conditions du théorème 4.1 (5.1) est appelée <u>donnée de descente galoisienne</u> pour M .

<u>Corollaire 5.2</u> . (<u>Descente galoisienne des éléments et des homomorphismes</u>) . Soient N , N' des R-modules et $R \subset S$ une extension galoisienne de groupe G . Pour tout $\sigma \in G$, notons aussi $\sigma : N \otimes S \to N \otimes S$ l'automorphisme de R-module défini par $\sigma(n \otimes s) = n \otimes \sigma(s)$, $n \in N$, $s \in S$, $\sigma \in G$. Un élément $m \in N \otimes S$ provient d'un élément $n \in N$, c'est-à-dire est de la forme $n \otimes 1_S$ si et seulement si $\sigma(m) = m$ pour tout $\sigma \in G$. De même, si l'on note également σ l'automorphisme de $\mathrm{Hom}_S(N_S, N'_S)$ défini par $\sigma(g) = \sigma g \sigma^{-1}$, pour $g \in \mathrm{Hom}_S(N_S, N'_S)$, on a $g = f \otimes 1_S$, $f \in \mathrm{Hom}_R(N, N')$ si et seulement si $\sigma(g) = g$ pour tout $\sigma \in G$.

<u>Démonstration</u> . Vérifions la première partie. La seconde se démontre de façon identique. Les applications σ définissent une donnée de descente galoisienne pour $N \otimes S$. Il est immédiat que $N \subset (N \otimes S)^G$, d'où l'égalité par platitude fidèle.

<u>Théorème 5.3</u> . (<u>Descente galoisienne des algèbres et des homomorphismes d'algèbres</u>) . Soit $R \subset S$ une extension galoisienne de groupe G

(a) Soient A une S-algèbre et $\{\bar{\sigma}, \sigma \in G\}$ une donnée de descente pour le S-module A . Si les $\bar{\sigma}$ sont des automorphismes de R-algèbres, le R-module descendu A^G est une R-algèbre de façon unique et sa multiplication induit celle de A par extension des scalaires.

(b) Soient A, A' des R-algèbres et $\alpha : A_S \to A'_S$ un homomorphisme de S-algèbres. Notons $\sigma : A_S \to A_S$ l'application définie par $\sigma(a \otimes s) = a \otimes \sigma(s)$, $a \in A$, $s \in S$, $\sigma \in G$. α est induit par un homomorphisme de R-algèbres si et seulement si $\alpha\sigma = \sigma\alpha$ pour tout $\sigma \in G$.

Démonstration. (a) Soit $\mu : A \otimes_S A \to A$ la multiplication de A. Posons $B = A^G$ et identifions le S-module A avec $B \otimes S$; $\bar{\sigma}$ est alors défini par $\bar{\sigma}(b \otimes s) = b \otimes \sigma(s)$, $b \in B$, $s \in S$. On a $\mu : B \otimes B \otimes S \to B \otimes S$. D'après 5.2 μ provient d'une multiplication μ' de B, $\mu' : B \otimes B \to B$ si et seulement si $\mu\bar{\sigma} = \bar{\sigma}\mu$ pour tout $\sigma \in G$. Mais cette dernière condition signifie exactement que $\bar{\sigma}$ est un homomorphisme d'algèbre pour tout $\sigma \in G$.

La démonstration de (b) est semblable.

Remarques.

5.4 On descend de façon analogue la commutativité, l'associativité, une involution etc...

5.5 Pour descendre un S-module quadratique M, il suffit de considérer la forme bilinéaire $B : M \otimes_S M \to S$ au lieu de μ.

La proposition suivante donne une autre caractérisation des extensions galoisiennes:

Proposition 5.6. Soient S une R-algèbre et G un groupe fini de R-automorphismes de S. Les propriétés suivantes sont équivalentes

(a) S est une extension galoisienne de groupe G de R.

(b) S est une R-algèbre fidèlement plate et $S \otimes S$ est isomorphe au produit de $|G|$ copies de S par l'application $\gamma : s \otimes t \mapsto (s\sigma(t))_{\sigma \in G}$, $s,t \in S$.

<u>Démonstration</u> . (a) $\Longrightarrow$ (b) : S est fidèlement plate car fidèlement projective. Notons E le produit de $|G|$ copies de S . Il est clair que l'on peut identifier E avec la S-algèbre des fonctions de G à valeurs dans S , donc à $Hom_S(SG,S)$ si SG dénote l'algèbre sur S du groupe G . Définissons une action de G sur $Hom_S(SG,S)$ par $(\bar{\sigma}f)(\tau) = \sigma(f(\sigma^{-1}\tau))$, $\sigma,\tau \in G$ et $f \in Hom_S(SG,S)$. On vérifie que $\bar{\sigma}(sf)(\tau) = \sigma(sf(\sigma^{-1}\tau)) = \sigma(s)\sigma(f(\sigma^{-1}\tau)) = \sigma(s)\bar{\sigma}(f)(\tau)$; on a donc une donnée de descente galoisienne et il suit de 5.3 que $S \otimes (Hom_S(SG,S))^G \cong Hom_S(SG,S)$. Comme $(Hom_S(SG,S))^G = Hom_{SG}(SG,S)$ est isomorphe à S par l'application $s \mapsto (\sigma \to \sigma(s))$, on obtient l'isomorphisme cherché.

(b) $\Longrightarrow$ (a) . La S-algèbre $S \otimes S$ étant fidèlement projective sur S , S est fidèlement projective sur R par descente fidèlement plate. Notons Δ la R-algèbre de base $u_\sigma, \sigma \in G$ comme S-module à gauche et de table de multiplication $(su_\sigma)(tu_\tau) = s\sigma(t)\sigma\tau$, $\sigma,\tau \in G$ et $s,t \in S$. Il reste à montrer que l'application $\theta : \Delta \to End_R(S)$ définie par $\theta(su_\sigma) = s\sigma$ est un isomorphisme. C'est évidemment un homomorphisme d'algèbres. L'application $SG \to \Delta$ donnée par $\sigma \to u_\sigma$ est un isomorphisme de S-modules et induit donc un isomorphisme de modules $Hom_S(\Delta,S) \cong Hom_S(SG,S)$. D'autre part, S étant fidèlement projective, on vérifie facilement que l'application $S \otimes S \to Hom_S(End_R(S),S)$ donnée par $s \otimes t \to (\phi \to s\phi(t))$ est également un isomorphisme de modules. On obtient alors le diagramme commutatif.

$$\begin{array}{ccc} Hom_S(End_R(S),S) & \xrightarrow{\theta^*} Hom_S(\Delta,S) \xrightarrow{\sim} & Hom_S(SG,S) \\ \wr\uparrow & & \wr\uparrow\gamma \\ S\otimes S & = & S\otimes S \end{array}$$

Puisque $End_R(S)$ et Δ sont projectifs de type fini comme S-modules à gauche, il en suit que θ est un isomorphisme de modules.

Remarque 5.7 . Il suit immédiatement de 5.6 (b) que $S^G = R$. En effet, puisque S est fidèlement plate, $x \in S$ appartient à R si et seulement si $x \otimes 1 = 1 \otimes x$, donc si et seulement si $\gamma(x \otimes 1) = x = \gamma(1 \otimes x) = \sigma(x)$ pour tout $\sigma \in G$. On peut voir qu'il suffit que $S^G = R$ et que γ soit un isomorphisme pour avoir une extension galoisienne. ([CHR] p. 19-20.)

Pour terminer ce paragraphe, donnons quelques exemples d'extension galoisiennes.

5.8 Pour des extensions de corps, on retrouve la notion classique d'extension galoisienne finie. On le voit par exemple en utilisant le théorème suivant d'Artin (Lang [L] p.194) : Si G est un groupe fini d'automorphismes d'un corps L , alors L est une extension galoisienne finie de $K = L^G$. Remarquons que le théorème 4.1 , convenablement topologisé par la topologie de Krull s'étend aux extensions galoisiennes infinies $K \subset L$, pour autant que le L-module M soit de dimension finie (voir Jacobson $[J]_2$ p. 51).

5.9 Soient K un corps de nombres algébriques et L une extension galoisienne de K de groupe G . Si R et S sont les anneaux des entiers de K et L , on verra (III. 4.4) que $R \subset S$ est une extension galoisienne si et seulement si L est une extension non ramifiée de K .

5.10 Soit $R = \mathbb{R}[X,Y]/(X^2+Y^2-1) = \mathbb{R}[x,y]$ l'anneau du cercle réel et soit $S = \mathbb{C} \otimes_{\mathbb{R}} R$. L'extension $R \subset S$ est galoisienne, de groupe G le groupe $\mathbb{Z}/2\mathbb{Z}$ engendré par la conjugaison complexe. On vérifie facilement que $\gamma : S \otimes S \to \prod_G S$ est un isomorphisme, en utilisant que $\frac{1}{2} \in R$.

§6 Descente radicielle de hauteur un

6.1 Définition des extensions radicielles finies de hauteur un

Soient p un nombre premier, R un anneau commutatif de caractéristique p et S une extension de R . Rappelons qu'une R-dérivation $d : S \to S$ est un homomorphisme de R-modules tel que $d(st) = d(s)t + sd(t)$, $s,t \in S$. Si d est une R-dérivation, $s \circ d$ est aussi une R-dérivation pour tout $s \in S$. Soit $\mathfrak{g}$ un S-module de R-dérivations de S . On dit que $\mathfrak{g}$ est une <u>p-algèbre de Lie</u> sur R si

1) Pour tout $d,d' \in \mathfrak{g}$, $[d,d'] = d \circ d' - d' \circ d \in \mathfrak{g}$.
2) Pour tout $d \in \mathfrak{g}$, $d^p = d \circ \ldots \circ d \in \mathfrak{g}$ (p facteurs) où "$\circ$" est la composition dans $\mathrm{End}_R(S)$.

L'extension $R \subset S$ est appelée <u>radicielle finie de hauteur un</u> si

a) S est un R-module projectif de type fini
b) $\mathrm{End}_R(S)$ est engendrée en tant que R-algèbre par S et une p-algèbre de Lie de dérivations $\mathfrak{g}$.

On a donc les relations suivantes dans $\mathrm{End}_R(S)$ entre éléments de $\mathfrak{g}$ et de S :

i) $d \circ d' - d' \circ d = [d,d']$
ii) $d \circ \ldots \circ d = d^p$ (p facteurs)
iii) $ds - sd = d(s)$ pour tout $d,d' \in \mathfrak{g}$, $s \in S$.

<u>Proposition 6.2</u> . (a) Soit C une R-algèbre commutative. Si S est radicielle finie de hauteur un sur R , $S \otimes C$ l'est sur C .
(b) Soient S_i des R_i-algèbres, $i=1,2$. Alors $S_1 \times S_2$ est radicielle sur $R_1 \times R_2$ si et seulement si S_i est radicielle sur R_i.

Démonstration : Evidente!

Exemples 6.3 . Notons $\mathrm{Der}_R(S,S)$ l'ensemble des R-dérivations de S .

1. Notons $S^p = \{x^p | x \in S\}$ et $S^{\mathfrak{g}} = \{x \in S | d(x) = 0 , \forall d \in \mathfrak{g}\}$. Nous verrons par la suite que $S^p \subset R$, $S^{\mathfrak{g}} = R$ et que $\mathfrak{g} = \mathrm{Der}_R(S,S)$ pour une extension $R \subset S$, radicielle de hauteur un. Pour une extension finie de corps, on obtient donc la notion classique d'extension radicielle de hauteur un. Inversément, on peut vérifier 5.1 à partir de la définition classique (Jacobson $[J]_3$ p. 186).

2. Soit S le quotient de l'algèbre de polynômes $R[T_1,\dots,T_n]$ en n variables sur R par l'idéal $(T_1^p,\dots,T_n^p)$ et soit $\mathfrak{g} = \mathrm{Der}_R(S,S)$. Notons t_i l'image de T_i dans S . L'isomorphisme canonique $\mathrm{Hom}_S(I/I^2,S) \xrightarrow{\sim} \mathrm{Der}_R(S,S)$ (III. 1.2) où I est le noyau de la multiplication $S \otimes S \to S$, permet de vérifier facilement que $\mathfrak{g}$ est un S-module libre de base $d_i = \frac{\partial}{\partial t_i}$, $i=1,\dots,n$. Montrons que $\mathrm{End}_R(S)$ est engendrée comme R-algèbre par S et $\mathfrak{g}$. Soit Δ le sous-S-module à gauche de $\mathrm{End}_R(S)$ engendré par les monômes $d_1^{r_1}\dots d_n^{r_n}$, $0 \leq r_i < p$. C'est une R-sous-algèbre de $\mathrm{End}_R(S)$. Pour le voir, il suffit par induction de vérifier que $d_i(xd_1^{r_1}\dots d_n^{r_n}) \in \Delta$ pour $x \in S$. Comme $d_i(xd_1^{r_1}\dots d_n^{r_n}) = d_i(x)d_1^{r_1}\dots d_n^{r_n} + xd_id_1^{r_1}\dots d_n^{r_n}$, il suffit de vérifier que $d_id_1^{r_1}\dots d_n^{r_n} \in \Delta$ pour $i=1,\dots,n$. Mais c'est clair car les d_i commutent entre eux et $d_i^p = 0$. Les produits $d_1^{r_1}\dots d_n^{r_n}$, $0 \leq r_i < p$ forment une base de Δ comme S-module: soient $a_{r_1\dots r_n} \in S$ tels que $d = \sum_{(r)} a_{r_1\dots r_n} d_1^{r_1}\dots d_n^{r_n} = 0$. Soit ℓ le degré total minimal des monômes qui apparaissent dans Σ et soit

$$d' = \sum_{r_1+\dots+r_n=\ell} a_{r_1\dots r_n} d_1^{r_1}\dots d_n^{r_n} .$$

Pour tout monôme $t_1^{r_1}\dots t_n^{r_n}$ avec $r_1+\dots+r_n = \ell$ on a $0 = d(t_1^{r_1}\dots t_n^{r_n}) = d'(t_1^{r_1}\dots t_n^{r_n}) = a_{r_1\dots r_n}$. Les coefficients des monômes de degré minimal sont donc tous nuls, ce qui signifie que tous les coefficients dans Σ sont nuls. Si R est un corps, on a alors $\Delta = \mathrm{End}_R(S)$ pour des raisons de dimension. Sinon, on applique (I.3.5) pour se ramener au cas d'un corps. L'algèbre $S = R[T_1,\dots,T_n]/(T_1^p,\dots,T_n^p)$ est donc une extension radicielle de hauteur un. Nous verrons plus tard que toute extension radicielle de hauteur un est forme tordue d'une extension radicielle de cette forme.

<u>Théorème 6.4</u> . (<u>Descente radicielle</u>) . Soient $R \subset S$ une extension radicielle finie de hauteur un, de p-algèbre de Lie g, et M un S-module. Si à tout $d \in g$ correspond un R-homomorphisme $\overline{d} : M \to M$ tel que

1) $\overline{d}_1\overline{d}_2 - \overline{d}_2\overline{d}_1 = \overline{[d_1,d_2]}$, $d_1,d_2 \in g$

2) $\overline{d} \circ \dots \circ \overline{d} = \overline{d \circ \dots \circ d} = \overline{d^p}$ (p facteurs) , $d \in g$

3) $\overline{sd} = s\overline{d}$, $s \in S$, $d \in g$

4) $\overline{ds} = d(s) + s\overline{d}$, $s \in S$, $d \in g$ (c'est-à-dire que $\overline{d}$ est sémilinéaire)

alors il existe un R-module N et un isomorphisme $\beta : N_S \to M$ tels que $\overline{d}\beta = \beta d$, où $d : N_S \to N_S$ est défini par $d(n \otimes s) = n \otimes d(s)$, pour tout $d \in g$. La paire (N,β) est déterminée à un isomorphisme près et on peut choisir $N = M^g = \{x \in M \mid \overline{d}(x) = 0 \ \ \forall d \in g\}$; β est alors la multiplication dans M .

<u>Démonstration</u> . On vérifie que l'application $T : \mathrm{End}_R(S) \to \mathrm{End}_R(M)$ induite par $d \mapsto \overline{d}$, $d \in g$ est une donnée de descente fidèlement projective et que $M^g = \{x \in M \mid T_\alpha(sx) = \alpha(s)x \ , \ s \in S \ , \ \alpha \in \mathrm{End}_R(S)\}$.

Soient N , N' des R-modules et $R \subset S$ une extension radicielle de hauteur un avec la p-algèbre de Lie $\mathfrak{g}$. Pour tout $d \in \mathfrak{g}$, notons aussi $d : N_S \to N_S$ le R-homomorphisme défini par $d(n \otimes s) = n \otimes d(s)$ et encore d l'endomorphisme de $\mathrm{Hom}_S(N_S, N'_S)$ défini par $d(g) = [d,g] = dg - gd$ pour $g \in \mathrm{Hom}_S(N_S, N'_S)$.

<u>Proposition 6.5</u> . (<u>Descente des éléments et des homomorphismes</u>) Un élément $m \in N_S$ est de la forme $m = n \otimes 1_S$ si et seulement si $d(m) = 0$ pour tout $d \in \mathfrak{g}$; $g \in \mathrm{Hom}_S(N_S, N'_S)$ est de la forme $g = f \otimes 1_S$, $f \in \mathrm{Hom}_R(N,N')$ si et seulement si $d(g) = 0$ pout tout $d \in \mathfrak{g}$.

<u>Démonstration</u> . On copie le cas galoisien.

<u>Corollaire 6.6</u> . $S^{\mathfrak{g}} = \{x \in S \mid d(x) = 0 \ \forall d \in \mathfrak{g}\} = R$ et $S^p \subset R$.

<u>Démonstration</u> . Pour la première affirmation, on choisit $N = S$ dans 6.5 . La seconde suit de $d(s^p) = p \cdot s^{p-1} \cdot d(s) = 0$ puisque qu'on est en caractéristique p .

<u>Corollaire 6.7</u> . Le noyau $J(S)$ de la multiplication $S \otimes S \to S$ est nilpotent, $J(S)^p = 0$.

<u>Démonstration</u> . Si $x = \sum x_i \otimes y_i$ appartient à $J(S)$, on peut écrire $x = \sum x_i(1 \otimes y_i - y_i \otimes 1)$, car $\sum x_i y_i = 0$. Puisque $(1 \otimes y_i)^p = (y_i \otimes 1)^p$ d'après 6.6, on a bien $x^p = 0$.

<u>Corollaire 6.8</u> . Tous les idempotents de S proviennent de R .

On voit donc qu'un produit de R-algèbres $S_1 \times S_2$ ne peut en aucun cas être radiciel fini sur R .

<u>Théorème 6.9</u> . (<u>Descente radicielle des algèbres et des homomorphismes d'algèbres</u>) . Soient $R \subset S$ une extension radicielle de hauteur un et $\mathfrak{g}$ sa p-algèbre de Lie.

(a) Soient A une S-algèbre et $\{\overline{d}, d \in g\}$ une donnée de descente pour le S-module A. Si les $\overline{d}$ sont des R-dérivations de A, A^g est une R-algèbre de façon unique et sa multiplication induit celle de A par extension des scalaires.

(b) Soient A, A' des R-algèbres et $\alpha : A_S \to A'_S$ un homomorphisme de S-algèbres. Alors α est induit par un homomorphisme de R-algèbres si et seulement si $\alpha d = d\alpha$, où d est défini comme dans 6.4 .

Démonstration . (a) Soit $\mu : A \otimes_S A \to A$ la multiplication de A. Posons $B = A^g$ et identifions les S-modules A et $B \otimes S$; $\overline{d}$ est alors simplement d. De plus $\overline{d} = d$ agit sur $A \otimes_S A = B \otimes S \otimes_S B \otimes S$ par $d(b \otimes s \otimes b' \otimes s') = b \otimes d(s) \otimes b' \otimes s' + b \otimes s \otimes b' \otimes d(s')$. La condition $\overline{d}(xy) = \overline{d}(x)y + x\overline{d}(y)$ signifie alors exactement que $\mu d = d\mu$, d'où le résultat par 6.5 .

(b) est semblable.

Remarque 6.10 . Si $B : M \otimes_S M \to S$ est une forme bilinéaire sur le S-module M, elle se "descend" si $B(\overline{d}(x),y) + B(x,\overline{d}(y)) = d(B(x,y))$.

§7 Une autre caractérisation des extension radicielles finies de hauteur un

7.1 Produits différentiels croisés

Soient R un anneau commutatif de caractéristique p, S une extension de R et g une p-algèbre de Lie de R-dérivations de S qui soit également un S-module. Notons $S \ast g$ la p-algèbre de Lie sur R de module sous-jacent $S \oplus g$, de crochet $[(s,d),(s',d')] = (d(s')-d'(s),[d,d'])$ et de p-application $(s,d)^p = (s^p+d^{p-1}(s),d^p)$. Ces opérations sont définies de telle façon que l'application canonique $S \oplus g \to \mathrm{End}_R(S)$ donnée par

$(s,d) \to s + d$ soit un homomorphisme de p-algèbres de Lie. Soit $U_R(S \ltimes g)$ la p-algèbre enveloppante de $S \ltimes g$. Rappelons que $U_R(S \ltimes g)$ est le quotient de l'algèbre tensorielle sur R de S par l'idéal engendré par les éléments de la forme $x \otimes y - y \otimes x - [x,y]$ et $x \otimes \ldots \otimes x - x^p$ (p facteurs) pour tout $x,y \in S \ltimes g$. Par la propriété universelle de la p-algèbre enveloppante, l'application canonique $S \ltimes g \to \mathrm{End}_R(S)$ induit un homomorphisme de R-algèbres $\theta : U_R(S \ltimes g) \to \mathrm{End}_R(S)$. Soit $U_R^+(S \ltimes g)$ l'idéal d'augmentation de $U_R(S \ltimes g)$, c'est-à-dire l'idéal engendré par les images dans $U_R(S \ltimes g)$ des éléments de $S \ltimes g$. Notons $(\overline{s,d})$ l'image dans $U_R^+(S \ltimes g)$ de $(s,d) \in S \ltimes g$. On a évidemment $\theta((\overline{s',0})(\overline{s,d}))(t) = s'st + s'd(t) = \theta(s's,s'd)(t)$ pour $s',s,t \in S$, $d \in g$. Par conséquent θ induit une application (encore notée θ) du quotient de $U_R^+(S \ltimes g)$ par l'idéal J engendré par les éléments de la forme $(\overline{s',0})(\overline{s,d}) - (\overline{s's,s'd})$, $s,s' \in S$ et $d \in g$. Le quotient $U_R^+(S \ltimes g)/J$ est appelé <u>produit différentiel croisé de S avec g</u> ; notons-le $\Delta_R(S,g)$. C'est un S-module par la multiplication à gauche et θ est un homomorphisme de S-modules. Remarquons encore que S est un $\Delta_R(S,g)$-module via θ .

<u>Lemme 7.2</u> . Pour toute R-algèbre commutative T , $T \otimes \Delta_R(S,g)$ est canoniquement isomorphe à $\Delta_T(T \otimes S, T \otimes g)$.

<u>Démonstration</u> . Il est clair que $T \otimes (S \ltimes g) = (T \otimes S) \ltimes (T \otimes g)$ et il est bien connu que $T \otimes U_R(S \ltimes g) = U_T(T \otimes (S \ltimes g))$. Soit J' l'idéal de $T \otimes U_R(U \ltimes g)$ engendré par les éléments $(\overline{\xi,0})(\overline{\zeta,\delta}) - (\overline{\xi\zeta,\xi\delta})$, $\xi,\zeta \in T \otimes S$, $\delta \in T \otimes g$. L'idéal J_T obtenu par extension des scalaires est contenu dans J' . Montrons que J_T est égal à J' . Ecrivons $\xi = \sum t_i \otimes s_i$, $\xi = \sum t_j' \otimes s_j'$ et $\delta = \sum t_k'' \otimes d_k$. On a alors

$(\overline{\xi,0})(\overline{\zeta,\delta}) = (\overline{\xi\zeta,\xi\delta}) =$

$$\sum t_i t_j' [1 \otimes \{(\overline{s_i,0})(\overline{s_j',0}) - (\overline{s_i s_j',0})\}] + \sum t_i t_k'' [1 \otimes \{(\overline{s_i,0})(\overline{0,d_k}) - (\overline{0,s_i d_k})\}]$$

ce qui prouve notre assertion.

Nous supposerons dans la suite que S est de type fini comme R-module. Cette hypothèse n'est pas toujours indispensable mais elle nous simplifie le travail. Elle sera d'ailleurs toujours satisfaite dans les applications.

<u>Proposition 7.3</u> . Si g est un S-module libre de type fini, de base $d_1,\dots,d_n$, les éléments $d_{i_1}^{r_1}\dots d_{i_m}^{r_m}$, $0 \leqslant i_1 \leqslant \dots \leqslant i_m \leqslant n$ et $0 \leqslant r_k < p$, $k = 1,\dots,m$, forment une base de $\Delta_R(S,g)$ comme S-module.

<u>Démonstration</u> . A la Poincaré-Birkhoff-Witt!

<u>Corollaire 7.4</u> . Si g est projectif de type fini sur S , $\Delta_R(S,g)$ contient S comme facteur direct et est un S-module projectif de type fini.

<u>Démonstration</u> . Il suit de 6.8 et de I.6.3 que l'on peut décomposer R , S et g en produits $R = R_1\times\dots\times R_k$, $S = S_1\times\dots\times S_k$, $g = g_1\times\dots\times g_k$ tels que g_i soit de rang constant sur la R_i-algèbre S_i . On peut donc supposer que g est de rang constant sur S . Il existe alors un recouvrement de Zariski $S' = \coprod S_{f_i}$, $(f_1,\dots,f_n) = S$, de S tel que $g' = S'\otimes_S g$ soit libre sur S' . Si S est de type fini sur R , on peut choisir les f_i dans R et on a $S' = R'\otimes S$ avec $R' = \coprod R_{f_i}$. Pour tout R-module M , notons M' le produit tensoriel $R'\otimes M$. Il suit alors de 7.2 et 7.3 que $(\Delta_R(S,g))' = \Delta_{R'}(S',g')$ est libre de type fini sur R' , d'où le résultat par descente fidèlement plate.

Soit $\Delta_R(S,g)^* = \mathrm{Hom}_S(\Delta_R(S,g),S)$ le dual du S-module $\Delta_R(S,g)$. L'application $\gamma : S\otimes S \to \Delta_R(S,g)^*$ définie par $s\otimes t \mapsto (x \to sx(t))$, $s,t\in S$, $x\in\Delta_R(S,g)$ est un homomorphisme de S-modules. Montrons qu'on peut définir sur $\Delta_R(S,g)^*$ une multiplication telle que γ soit un homomorphisme de S-algèbres. Pour cela, nous supposerons que g est un S-module projectif de type fini. Pour le moment, admettons même que g soit libre sur S, de base $d_1,\ldots,d_n$. Soit $\Delta : \Delta_R(S,g) \longrightarrow \Delta_R(S,g) \otimes_S \Delta_R(S,g)$ l'application S-linéaire définie par $\Delta(1) = 1\otimes 1$, $\Delta(d_i) = d_i \otimes 1 + 1 \otimes d_i$ et $\Delta(d_{i_1}^{r_1} \ldots d_{i_m}^{r_m}) = \Delta(d_{i_1})^{r_1} \ldots \Delta(d_{i_m})^{r_m}$ sur la base de $\Delta_R(S,g)$. L'application Δ est une comultiplication commutative et associative, c'est-à-dire telle que les diagrammes

$$\begin{array}{ccc} & \overset{\Delta}{\nearrow} & \Delta_R(S,g) \otimes_S \Delta_R(S,g) \\ \Delta_R(S,g) & & \downarrow \tau \\ & \underset{\Delta}{\searrow} & \Delta_R(S,g) \otimes_S \Delta_R(S,g) \end{array}$$

où τ est le "twist" $\tau(x \otimes y) = y \otimes x$, et

$$\begin{array}{ccc} \Delta_R(S,g) & \xrightarrow{\ \Delta\ } & \Delta_R(S,g) \otimes_S \Delta_R(S,g) \\ \Delta \downarrow & & \downarrow 1 \otimes \Delta \\ \Delta_R(S,g) \otimes_S \Delta_R(S,g) & \xrightarrow[\Delta \otimes 1]{} & \Delta_R(S,g) \otimes_S \Delta_R(S,g) \otimes_S \Delta_R(S,g) \end{array}$$

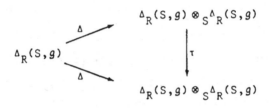

commutent. Pour le voir, on définit tout d'abord sur le S-module g une structure $\tilde{g}$ de p-algèbre de Lie sur S en posant $[d_i,d_j]_{\tilde{g}} = [d_i,d_j]_g$ pour les éléments de la base et en étendant S-linéairement. Par Poincaré-Birkhoff-Witt, $U_S(\tilde{g})$ et $\Delta_R(S,g)$ sont isomorphes comme S-modules. L'application Δ est alors la diagonale classique de $U_S(\tilde{g})$ et on sait que cette dernière est commutative et associative. Si le S-module g est projectif de type fini on se ramène au cas de rang constant comme dans 7.4 et on choisit un recouvrement de Zariski $R' = \prod R_{f_i}$ de R tel que $g' = R' \otimes g$ soit libre sur $S' = R' \otimes S$, on définit

$\Delta' : \Delta_{R'}(S',g') \to \Delta_{R'}(S',g') \otimes_{S'} \Delta_{R'}(S',g')$ comme ci-dessus et on vérifie que Δ' satisfait à la condition de descente fidèlement plate pour l'extension R' de R . On sait alors que Δ' est de la forme $\Delta \otimes 1_{R'}$ et $\Delta : \Delta_R(S,g) \to \Delta_R(S,g) \otimes_S \Delta_R(S,g)$ est l'application S-linéaire cherchée. Cette application est, par descente, une comultiplication commutative et associative. Elle induit sur le dual $\Delta_R(S,g)^* = \mathrm{Hom}_S(\Delta_R(S,g),S)$ une multiplication $m = \Delta^*$ qui fait de $\Delta_R(S,g)^*$ une S-algèbre commutative. Pour $f,g \in \Delta_R(S,g)^*$, on a $m(f \otimes g)(x) = (f \otimes g)(\Delta x)$; posons $m(f \otimes g) = f \circ g$, si $\Delta(x) = \sum x_j \otimes y_j$, on a donc $(f \cdot g)(x) = \sum_j f(x_j)g(y_j)$.

<u>Proposition 7.5</u> . L'application $\gamma : S \otimes S \to \Delta_R(S,g)^*$ définie par $s \otimes t \mapsto (x \to sx(t))$, $s,t \in S$, $x \in \Delta_R(S,g)$ est un homomorphisme de S-algèbres.

<u>Démonstration</u> . Par descente, il suffit de le vérifier lorsque g est libre sur S , de base $d_1,\dots,d_n$. Par S-linéarité, il suffit de le vérifier pour des éléments x de la forme $d_{i_1}^{r_1}\dots d_{i_m}^{r_m}$ avec $1 \leq i_1 \leq \dots \leq i_m \leq n$, $0 \leq r_e < p$. Soit $\Delta x = \sum x_j \otimes y_j$. La proposition suit facilement de l'égalité $x(tt') = \sum x_j(t)y_j(t')$. Cette égalité est claire pour $x = d_i$ car d_i est une dérivation. Par induction, il suffit de la vérifier pour un élément $d_i x$, x comme avant et $i \leq i_j$. On a alors $\Delta(d_i x) = \Delta d_i \cdot \Delta x$ et $(d_i x)(tt') = d_i(\Sigma x_j(t)y_j(t')) = \Sigma(d_i x_j(t)y_j(t') + x_j(t)d_i y_j(t'))$, ce qu'il fallait démontrer.

<u>Théorème 7.6</u> . Soient p un nombre premier, R un anneau commutatif de caractéristique p , S une extension de R et g une p-algèbre de Lie de R-dérivations de S qui est aussi un S-module. Les propriétés suivantes sont équivalentes:

1) $R \subset S$ est une extension radicielle finie de hauteur un, de p-algèbre de Lie g .

2) S est fidèlement projectif sur R et $\theta : \Delta_R(S,g) \to \mathrm{End}_R(S)$ est surjectif.

3) S est fidèlement projectif sur R et $\theta : \Delta_R(S,g) \to \mathrm{End}_R(S)$ est un isomorphisme.

4) S est fidèlement plate sur R et de type fini comme R-module, g est un S-module projectif de type fini et $\gamma : S \otimes S \to \Delta_R(S,g)^*$ est un isomorphisme de S-algèbres.

5) Il existe une décomposition $R = R_1 \times \ldots \times R_k$ et $S = S_1 \times \ldots \times S_k$ et une R-algèbre fidèlement plate T telle que $T \otimes S_i \cong T[T_{i_1},\ldots,T_{i_n}]/(T_{i_1}^p,\ldots,T_{i_n}^p)$.

<u>Démonstration</u> . Nous démontrons le théorème selon le schéma

$$\begin{array}{ccccc} 1) & \Longrightarrow & 2) & \Longleftarrow & 3) \\ \Uparrow & & \Downarrow & \nearrow & \\ 5) & \Longleftarrow & 4) & & \end{array}$$

1) $\Longrightarrow$ 2) est une conséquence immédiate de la définition d'extension radicielle de hauteur un.

2) $\Longrightarrow$ 4) La R-algèbre S est fidèlement plate et de type fini comme R-module, car fidèlement projective. Nous ne démontrerons pas que g est un S-module projectif de type fini. Ce fait a été établi par Yuan $[Y]_1$. Yuan se ramène tout d'abord au cas où R est un corps et applique alors ses résultats sur les anneaux différentiels simples $[Y]_3$. Pour montrer que ψ est un isomorphisme, on procède comme dans le cas galoisien (5.6). On vérifie que l'on obtient une donnée de descente $\{\bar{d}, d \in g\}$ sur $\Delta_R(S,g)^*$ en posant $\bar{d}(\phi)(x) = d(\phi(x)) - \phi(d \circ x)$, $d \in g$, $\phi \in \Delta_R(S,g)^*$, $x \in \Delta_R(S,g)$. Il en suit que $S \otimes (\Delta_R(S,g)^*)^g = \Delta_R(S,g)^*$; mais

$(\Delta_R(S,g)^*)^g = \mathrm{Hom}_{\Delta_R(S,g)}(\Delta_R(S,g),S)$ est isomorphe à S par l'application $s \mapsto (x \mapsto x(s))$. Il est clair que l'isomorphisme ainsi défini est γ .

4) $\Longrightarrow$ 3) Il suit de 7.4 que $\Delta_R(S,g)$, donc $S \otimes S \cong \Delta_R(S,g)^*$ est projectif de type fini sur S . Par descente, S est projectif de type fini sur R , donc fidèlement projectif puisque fidèlement plat (I.6.2). 3) est alors une conséquence du diagramme commutatif

$$\begin{array}{ccc} \mathrm{Hom}_S(\mathrm{End}_R(S),S) & \xrightarrow{\theta^*} & \mathrm{Hom}_S(\Delta_R(S,g),S) \\ \uparrow\wr & & \uparrow\wr\,\gamma \\ S\otimes S & = & S\otimes S \end{array}$$

3) $\Longrightarrow$ 2) est évident.

4) $\Longrightarrow$ 5) La décomposition $R = R_1\times\ldots\times R_k$ est choisie telle que g_i soit de rang constant sur S_i (voir le début de la démonstration de 7.4). On peut alors supposer que g elle-même soit de rang constant sur S . Puisque S est un R-module de type fini, il existe un recouvrement de Zariski $R' = \Pi R_{f_i}$, $(f_1,\ldots,f_n) = 1$ tel que $g' = R'\otimes g$ soit libre sur $S' = R'\otimes S$, de base $d_1,\ldots,d_n$. Soient $\phi_1,\ldots,\phi_n \in \Delta_{R'}(S',g')^*$ tels que $\phi_j(d_i) = \delta_{ij}$. On vérifie facilement que les produits $\phi_{i_1}^{r_1},\ldots\phi_{i_m}^{r_m}$ $1 \leq i_1 \leq \ldots \leq i_m \leq n$, $0 \leq r_\ell < p$ forment une base de $\Delta_{R'}(S',g')^*$ sur S' et que $\phi_j^p = 0$. Soit $\psi : S'[T_1,\ldots,T_n]/(T_1^p,\ldots,T_n^p) \to \Delta_{R'}(S',g')^*$ le S'-homomorphisme d'algèbre induit par $\psi(T_j) = \phi_j$. C'est un isomorphisme d'après 7.3. D'où 5).

5) $\Longrightarrow$ 1) Il suffit évidemment de prouver que S_i est radicielle finie de hauteur un sur R_i . On peut donc tout de suite supposer que $T\otimes S \cong T[T_1,\ldots,T_n]/(T_1^p,\ldots,T_n^p)$. Soit $g = \mathrm{Der}_R(S,S)$. Montrons que $R\subset S$ est une extension radicielle finie de hauteur un d'algèbre de Lie g .

Tout d'abord S est projectif de type fini sur R par descente, car $T \otimes S$ est libre de type fini sur T. Puisque S est de type fini sur R et que T est fidèlement plat sur R, il suit de III.1.2, III.2.3 et I.4.1 que $T \otimes S \otimes_S g = T \otimes g = T \otimes \mathrm{Der}_R(S,S) = \mathrm{Der}_T(T \otimes S, T \otimes S)$. On a vu (exemple 6.3.2) que $\mathrm{Der}_T(T \otimes S, T \otimes S)$ est libre comme $T \otimes S$-module, avec la base $\frac{\partial}{\partial T_1}, \ldots, \frac{\partial}{\partial T_n}$. On en conclut par descente que g est un S-module projectif de type fini car $T \otimes S$ est fidèlement plat sur S. Toujours d'après l'exemple 6.3.2, $\theta : \Delta_R(S,g) \to \mathrm{End}_R(S)$ induit un isomorphisme $\theta_T : \Delta_T(T \otimes S, T \otimes g) \to \mathrm{End}_T(T \otimes S)$. Par descente, θ est donc un isomorphisme.

<u>Corollaire 7.7</u>. Si $R \subset S$ est une extension radicielle finie de hauteur un, de p-algèbre de Lie g, alors $g = \mathrm{Der}_R(S,S)$.

<u>Démonstration</u>. C'est en fait un corollaire de 5) $\Longrightarrow$ 1).

<u>Remarque 7.8</u>. Si g est libre de type fini sur S, on peut choisir $T = S$ dans 5).

<u>Exemple 7.9</u>. Soient $a_1, \ldots, a_n$ des éléments de R et soit S le quotient de l'anneau de polynômes en n variables $R[X_1, \ldots, X_n]$ par l'idéal engendré par $X_1^p - a_1, \ldots, X_n^p - a_n$. Il suit de 7.6 que S est radicielle de hauteur un. Montrons en effet que $S \otimes S \cong S[T_1, \ldots, T_n]/(T_1^p, \ldots, T_n^p)$. Notons x_i l'image de X_i dans S. $S \otimes S$ s'identifie à $R[x_1, \ldots, x_n; y_1, \ldots, y_n]$ où $x_i^p = y_i^p = a_i$ et l'application induite par $X_i \to x_i$, $T_i \to x_i - y_i$ est l'isomorphisme cherché. De plus il est alors clair que $g = \mathrm{Der}_R(S,S)$ est libre sur S, de base $\frac{\partial}{\partial x_i}$, $i = 1, \ldots, n$.

<u>Exemple 7.10</u>. Il ne suffit pas de supposer que S soit projectif de type fini sur R et que $S^p \subset R$ pour avoir une extension radicielle de hauteur un. Posons $R = \mathbf{Z}/p\mathbf{Z}$. L'algèbre $S = R[X,Y]/(X^p, Y^p, XY)$

n'est pas radicielle sur R . En effet, soit $d \in \mathrm{Der}_R(S,S)$. Puisque $d(x^r) = rx^{r-1}d(x)$, il suffit de connaître d sur les images x et y de X et Y dans S . Utilisant la relation $0 = d(xy) = xdy + ydx$, on voit facilement que $d(x)$ est de la forme $x \cdot P(x) + q \cdot y^{p-1}$, $P \in R[X]$, $q \in R$ et $d(y)$ de la forme $y \cdot P'(y) + q' \cdot x^{p-1}$, $P' \in R[Y]$, $q' \in R$. Il est alors clair que S et $\mathfrak{g} = \mathrm{Der}_R(S,S)$ ne peuvent engendrer tout $\mathrm{End}_R(S)$. Par exemple α défini par $\alpha(x^r) = rx^{r-1}$ et $\alpha(y^r) = 0$ n'appartient pas à la sous-algèbre de $\mathrm{End}_R(S)$ engendrée par S et $\mathfrak{g}$.

Remarque 7.11 . Certaines méthodes utilisées en théorie galoisienne et en théorie radicielle de façon très semblables peuvent être formulées dans le cadre des algèbres de Hopf. Cette analogie a conduit Chase et Sweedler [C.S.] à définir une notion d'objet galoisien en termes d'algèbres de Hopf qui généralise les deux cas. Ils ne formulent pas explicitement une théorie de la descente correspondante. Une telle théorie a été développée pour des extensions finies de corps par Allen et Sweedler [A.S]. Baptisée descente linéaire, cette théorie se réduit essentiellement à une superposition des cas galoisien et radiciel formulée à l'aide de la théorie des algèbres de Hopf.

§8 Formes tordues

Soit S une R-algèbre fidèlement plate et soit A une R-algèbre. Nous dirons qu'une classe d'isomorphisme (B) de R-algèbres, B étant un représentant de la classe, est une forme tordue de A pour l'extension S s'il existe un S-isomorphisme d'algèbres $\beta : B \otimes S \to A \otimes S$. Notons $\mathcal{A}$ le groupe des $S \otimes S$-automorphismes de $A_{S \otimes S}$. A toute forme tordue (B) est associé un élément θ de $\mathcal{A}$

(modulo un switch!) par le diagramme

$$\begin{array}{ccc} S\otimes B\otimes S & \xrightarrow{1\otimes\beta} & S\otimes A\otimes S \\ \tau\downarrow & & \downarrow\theta \\ B\otimes S\otimes S & \xrightarrow[\beta\otimes 1]{} & A\otimes S\otimes S \end{array}$$

où τ est le "switch" $(b\otimes s_1\otimes s_2) = s_1\otimes b\otimes s_2$. On vérifie immédiatement que θ est une donnée de descente pour $A\otimes S$ et que la classe descendue à l'aide de cette donnée est (B,β) .

Supposons maintenant que $\beta' : B\otimes S \to A\otimes S$ soit un autre isomorphisme de S-algèbres et que θ' soit l'élément correspondant de A . Si l'on pose $\gamma = \beta'\beta^{-1}$, on vérifie immédiatement que $\theta' = (\gamma\otimes 1)\theta(1\otimes\gamma)^{-1}$.

On dit qu'un élément θ de A est un <u>1-cocycle</u> s'il définit une donnée de descente, c'est-à-dire si $\theta_2 = \theta_3\theta_1$ et que deux cocycles θ et θ' sont <u>cohomologues</u> s'il existe un automorphisme de A_S tel que $\theta' = \gamma_2\theta\gamma_1^{-1}$. On note alors $H^1(S/R,A)$ l'ensemble des classes de 1-cocycles cohomologues.

<u>Proposition 8.1</u> . $H^1(S/R,A)$ est un ensemble pointé qui classe les formes tordues de A .

<u>Démonstration</u> . Le point est donnée par la classe de l'identité. Par 3.2, tout 1-cocycle définit une forme tordue. Montrons encore que deux formes tordues $\beta : B_S \to A_S$ et $\beta' : B'_S \to A_S$ qui donnent des cocycles θ et θ' cohomologues sont dans la même classe. Soit γ un automorphisme de A_S tel que $\theta' = \gamma_2\theta\gamma_1^{-1}$. Puisque $\theta = \beta_2\beta_1^{-1}$ et $\theta' = \beta'_2\beta'^{-1}_1$, on a $\beta'^{-1}_1\gamma_1\beta_1 = \beta'^{-1}_2\gamma_2\beta_2$. Il suit alors de 2.5 que $\beta'^{-1}\gamma\beta : B_S \to B'_S$ provient d'un R-isomorphisme $B \to B'$.

Remarque 8.2 . On peut en fait définir la 1-cohomologie $H^1(S/R,F)$ de l'extension fidèlement plate $R \subset S$ pour un foncteur F de la catégorie des R-algèbres à valeurs dans celle des groupes. Un 1-cocycle est un élément $\theta \in F(S \otimes S)$ tel que $\theta_2 = \theta_3\theta_1$ (θ_i est l'image de θ par l'application $F(\varepsilon_i) : F(S \otimes S) \to F(S \otimes S \otimes S)$ induite par $\varepsilon_i : S \otimes S \to S \otimes S \otimes S)$. Deux cocycles θ et θ' sont cohomologues s'il existe $\gamma \in F(S)$ tel que $\theta' = \gamma_2\theta\gamma_1^{-1}$. $H^1(S/R,F)$ est alors l'ensemble des classes de 1-cocycles cohomologues.

Remarquons que si F prend ses valeurs dans la catégorie des groupes abéliens, $H^1(S/R,F)$ possède une structure de groupe abélien, induite par celle de $F(S \otimes S)$. Dans ce cas, on peut définir des groupes $H^n(S/R,F)$ (voir Chap. V) pour $n \geq 1$.

Soit A une R-algèbre. Notons $\underline{\mathrm{Aut}}\ A$ le foncteur qui associe à chaque R-algèbre S le groupe des S-automorphismes de A_S . Les formes tordues de A pour une extension fidèlement plate $R \subset S$ sont donc classées par $H^1(S/R,\underline{\mathrm{Aut}}A)$.

Exemples

8.3 Formes tordues d'un module libre de rang n

Soient R un anneau commutatif, F un R-module libre de rang n et S une R-algèbre commutative fidèlement plate. Un R-module P est une forme tordue de F si et seulement si $P \otimes S$ est un S-module libre de rang n . Pour toute R-algèbre commutative T , notons $\underline{G\ell}_n(T)$ le groupe de $n \times n$-matrices inversibles à coefficients dans T ; c'est le groupe des automorphismes d'un T-module libre de rang n . On a donc:

Théorème 8.4 . Les formes tordues d'un R-module libre de rang n pour l'extension fidèlement plate $R \subset S$ sont classées par $H^1(S/R,\underline{G\ell}_n)$.

Il suit du lemme I.3.6 (c) et de I.5.2 qu'une telle forme tordue est un module projectif de rang n sur R . Pour un anneau R local, on obtient donc, d'après I.2.6, le

<u>Corollaire 8.5</u> . Si R est local, $H^1(S/R,\underline{G\ell}_n) = 0$.

Pour $n = 1$, $G\ell_1$ est simplement le foncteur "unités": Comme il prend ses valeurs dans la catégorie des groupes abéliens, $H^1(S/R,\underline{\text{unités}})$ possède une structure de groupe abélien. Rappelons (I,§6) qu'on note Pic(S/R) l'ensemble des classes (P) d'isomorphisme de R-modules projectifs P de rang un, tels que $P \otimes S \cong S$ Le produit tensoriel $(P,Q) \to P \otimes_R Q$ induit une structure de groupe abélien sur Pic(S/R) (I.6) telle que:

<u>Proposition 8.6</u> . $\mathrm{Pic}(S/R) \cong H^1(S/R,\underline{G\ell}_1)$ comme groupes abéliens.

8.8 <u>Formes tordues du produit R^n</u>

Soit S une R-algèbre commutative. La multiplication $p : S \otimes S \to S$ définit sur S une structure de $S \otimes S$-module. On dit que S est <u>séparable</u> sur R si S est un $S \otimes S$-module projectif. Par exemple, il est clair que les produits $S = R \times \ldots \times R = R^n$ sont séparables sur R . Nous verrons (III. 4.8) que les R-algèbres séparables projectives de type fini comme R-modules et de rang constant sont exactement les formes tordues de R^n . En particulier, il suit de 5.6 que les extensions galoisiennes sont séparables.

8.9 <u>Extensions radicielles finies de hauteur un</u>

Il suit de 7.6 que les extensions radicielles finies de hauteur un et de rang constant sont exactement les formes tordues des R-algèbres $R[T_1,\ldots,T_n]/(T_1^p,\ldots,T_n^p)$.

8.10 Formes tordues de $M_n(R)$

Les formes tordues de l'algèbre des n×n-matrices sur R $M_n(R)$ pour l'extension fidèlement plate $R \subset S$ sont classées par $H^1(S/R, \underline{Aut}(M_n))$ où $\underline{Aut}(M_n)$ est le foncteur $T \to$ (groupe d'automorphismes de $M_n(T)$). Ces formes tordues sont bien connues. Pour R un corps, on obtient les algèbres centrales simples de dimension finie, dans le cas général les algèbres centrales séparables (de rang constant), aussi appelées algèbres d'Azumaya. Nous les étudierons dans les chapitres suivants.

§9 Formes tordues et cohomologie galoisienne

Soit $R \subset S$ une extension galoisienne de groupe G. Pour toute R-algèbre C, le groupe G agit sur $C_S = C \otimes S$ par $\sigma(c \otimes s) = c \otimes \sigma(s)$, $c \in C$, $s \in S$, $\sigma \in G$. Soit D une autre R-algèbre. A tout homomorphisme de $S \otimes S$-algèbre $\phi : C_{S \otimes S} \to D_{S \otimes S}$, on peut associer, à l'aide l'isomorphisme 5.6 $S \otimes S \to \prod_{\sigma \in G} S$, à tout $\sigma \in G$, un homomorphisme $\phi_\sigma : C_S \to D_S$ de S-algèbres; ϕ_σ est défini par $\phi_\sigma(c \otimes s) = (1 \otimes \gamma_\sigma)\phi(c \otimes 1 \otimes \sigma^{-1}(s))$ où γ_σ est la composante σ de l'isomorphisme $\gamma : S \otimes S \to \prod_{\sigma \in G} S$ de 5.6. Rappelons que $\gamma_\sigma(s \otimes t) = s\sigma(t)$ $s,t \in S$. On vérifie immédiatement que pour une composition $\phi\psi, (\phi\psi)_\sigma = \phi_\sigma \psi_\sigma$. Soit maintenant A une R-algèbre et $\beta : B_S \to A_S$ une forme tordue de A pour l'extension S. Un calcul simple montre que $(\beta \otimes 1)_\sigma = \beta$ et $(1 \otimes \beta^{-1})_\sigma = \sigma\beta^{-1}\sigma^{-1}$. Par conséquent au 1-cocycle $\theta = (\beta \otimes 1)(1 \otimes \beta^{-1}) \in \underline{Aut}(A_{S \otimes S})$ est associé $\theta_\sigma = \beta\sigma\beta^{-1}\sigma^{-1} \in \underline{Aut}(A_S)$. Faisons agir G sur $\underline{Aut}(A_S)$ par $\sigma(\alpha) = \sigma\alpha\sigma^{-1}$, $\sigma \in G$, $\alpha \in \underline{Aut}(A_S)$. On a alors $\theta_{\sigma\tau} = \beta\sigma\tau\beta^{-1}\tau^{-1}\sigma^{-1} = \beta\sigma\beta^{-1}\sigma^{-1}\sigma\beta\tau\beta^{-1}\tau^{-1}\sigma^{-1} = \theta_\sigma\sigma(\theta_\tau)$. Autrement dit θ_σ est un 1-cocycle du groupe G à valeurs dans $\underline{Aut}(A_S)$. Soit β' un autre isomorphisme $B_S \to A_S$ et soit θ'_σ le cocycle correspondant;

Si $\alpha = \beta'\beta^{-1}$, on voit que

$\alpha\theta_\sigma = \beta'\sigma\beta^{-1}\sigma^{-1} = \beta'\sigma\beta'^{-1}\sigma^{-1}\sigma\beta'\beta^{-1}\sigma^{-1} = \theta'_\sigma\sigma(\alpha)$. Les deux cocycles θ_σ et θ'_σ sont donc <u>cohomologues</u>. Notons $H^1(G,\underline{Aut}(A_S))$ les classes de 1-cocycles cohomologues de G à valeurs dans $\underline{Aut}(A_S)$.

<u>Théorème 9.1</u> . Les deux ensembles pointés $H^1(S/R,\underline{Aut})$ et $H^1(G,\underline{Aut}(A_S))$ sont isomorphes.

<u>Démonstration</u> . D'après 8.1, il suffit de montrer que $H^1(G,Aut(A_S))$ classe les formes tordues de A pour l'extension S . Soient $\beta : B_S \to A_S$ et $\beta' : B'_S \to A_S$ deux formes tordues qui définissent des cocycles θ_σ et θ'_σ cohomologues; on a donc un S-automorphisme α de A_S tel que $\alpha\theta_\sigma = \theta'_\sigma\sigma(\alpha)$. Par conséquent $\alpha\beta\sigma\beta^{-1} = \beta'\sigma\beta'^{-1}\alpha$ et $\bar\sigma\beta^{-1}\alpha^{-1}\beta' = \beta^{-1}\alpha^{-1}\beta'\bar\sigma'$. Il suit alors de 5.3 (descente galoisienne des homomorphismes d'algèbres) que $\beta^{-1}\alpha^{-1}\beta' : B'_S \to B_S$ provient d'un R-homomorphisme $B' \to B$. β et β' définissent donc la même forme. Montrons finalement qu'un cocycle θ_σ provient d'une forme tordue $\beta : B_S \xrightarrow{\sim} A_S$. L'automorphisme de R-algèbre $\bar\sigma = \theta_\sigma\sigma : A_S \to A_S$ est semi-linéaire et la condition des cocycles $\theta_{\sigma\tau} = \theta_\sigma\sigma(\theta_\tau)$ signifie exactement que $\overline{\sigma\tau} = \bar\sigma\bar\tau$. En effet,

$\overline{\sigma\tau} = \theta_{\sigma\tau}\sigma\tau = \theta_\sigma\sigma\theta_\tau\sigma^{-1}\sigma\tau = \theta_\sigma\sigma\theta_\tau\tau = \bar\sigma\bar\tau$. Soient $B = A_S^G$ la R-algèbre descendue (5.3) et $\beta : B\otimes S \to A\otimes S$ l'isomorphisme correspondant. Par construction de B et β , on a $\bar\sigma(\beta(b\otimes s)) = \beta(\sigma(b\otimes s))$, donc $\theta_\sigma\sigma\beta = \beta\sigma$. D'où $\theta_\sigma = \beta\sigma\beta^{-1}\sigma^{-1}$, le résultat cherché.

<u>Corollaire 9.2</u> . Pour une extension galoisienne finie de corps $K \subset L$, $H^1(G,G\ell_n(L)) = 0$.

On a en particulier $H^1(G,L^*) = (0)$, où L^* est le groupe multiplicatif de L . C'est le <u>théorème 90 de Hilbert</u>.

<u>Corollaire 9.3</u> . $H^1(G,S_{p_n}(L)) = 0$ pour le groupe symplectique d'indice n .

<u>Démonstration</u> . Deux formes alternées non dégénérées sur K de même rang sont équivalentes.

Par contre, $H^1(G,\mathcal{O}_n(L))$ pour le groupe orthogonal $\mathcal{O}_n$ est en général non trivial.

§10 Formes tordues pour les extensions radicielles

Les résultats de ce paragraphe correspondent à ceux du paragraphe précédent. Mais, au lieu d'utiliser l'équivalent 7.6 de 5.6, nous utiliserons directement la descente radicielle pour classer les formes tordues. Rappelons tout d'abord quelques notions de cohomologie non abélienne.

A. H^1 non abélien des algèbres de Lie

Soient R un anneau commutatif, $\mathfrak{g}$ une R-algèbre de Lie et A simultanément un $\mathfrak{g}$-module et une R-algèbre associative. Nous noterons $[a,b] = ab - ba$ le commutateur dans A et $(d,a) \to d(a)$, $d \in \mathfrak{g}$, $a \in A$ l'action de $\mathfrak{g}$ sur A . Un R-homomorphisme $\lambda : d \to \lambda_d$ de $\mathfrak{g}$ dans A est appelé <u>1-cocycle</u> de $\mathfrak{g}$ à valeurs dans A si

$$\lambda_{[d,d']} = [\lambda_d,\lambda_{d'}] + d(\lambda_{d'}) - d'(\lambda_d) \quad , \forall d,d' \in \mathfrak{g}$$

et deux cocycles λ , λ' sont dits <u>cohomologues</u> s'il existe une unité u de A telle que $u\lambda_d - \lambda'_d u = d(u)$. On vérifie immédiatement qu'on a défini ainsi une relation d'équivalence entre 1-cocycles et on note $H^1(\mathfrak{g},A)$ l'ensemble des classes d'équivalence. C'est un ensemble pointé, le point étant donné par l'homomorphisme nul et $H^1(\mathfrak{g},A) = 0$ si et seulement si tout 1-cocycle λ est de la forme $\lambda_d = \frac{d(u)}{u}$ pour une unité u de A .

Si g opère trivialement sur A, c'est-à-dire si $d(a) = 0$ pour $\forall d \in g$, $\forall a \in A$, $H^1(g,A)$ est l'ensemble des classes d'équivalences d'homomorphismes de R-algèbres de Lie $g \to A$, deux homomorphismes λ et λ' étant semblables s'ils sont conjugués par une unité u de A, $\lambda' = u\lambda u^{-1}$.

Si A, comme algèbre de Lie, est abélienne, on retrouve la définition habituelle des 1-cocycles; mais pas celle des 1-cocycles cohomologues.

Supposons que R soit de caractéristique p et que g soit une p-algèbre de Lie. L'algèbre associative A possède la p-structure donnée par la p-ième puissance. Pour un 1-cocycle $\lambda : g \to A$ on exigera en plus que $\lambda_d^{[p]} = \lambda_{d^p}$, $d \in g$, où $\lambda_d^{[k]}$ est défini inductivement par $\lambda_d^{[1]} = \lambda_d$ et $\lambda_d^{[k]} = \lambda_d^{[k-1]} \circ \lambda_d + d(\lambda_d^{[k-1]})$. Si g agit trivialement sur A, on a simplement $\lambda_d^p = \lambda_{d^p}$ et dans le cas abélien, on obtient la condition habituelle pour les p-algèbres de Lie; à savoir $\lambda_{d^p} = d^{p-1}(\lambda_d)$.

B. <u>Formes tordues de modules</u>

Soient $R \subset S$ une extension radicielle de hauteur un, de p-algèbre de Lie g et M un R-module. Pour tout R-module N, g agit semi-linéairement sur N_S par $d(n \otimes s) = n \otimes d(s)$, $d \in g$, $n \in N$, $s \in S$. Soit $\beta : N_S \to M_S$ une forme tordue de M. On vérifie facilement que, pour tout $d \in g$, $\lambda_d = \beta d \beta^{-1} - d$ est un S-endomorphisme de M_S, c'est-à-dire que $\lambda : d \mapsto \lambda_d$ définit une application $g \to \mathrm{End}_S(M_S)$. La p-algèbre de Lie g agit sur $\mathrm{End}_S(M_S)$ par
$d(\phi) = [d,\phi] = d\phi - \phi d$, $d \in g$, $\phi \in \mathrm{End}_S(M_S)$. On voit alors que λ est un 1-cocycle de g à valeurs dans $\mathrm{End}_S(M_S)$; la première condition (pour la structure de Lie) est facile à vérifier, la seconde (pour la p-structure) est plus compliquée (voir Jacobson $[J]_2$ p. 52-54)

Si $\beta' : N_S \overset{\sim}{\to} M_S$ est un autre isomorphisme de S-modules avec le cocycle λ' et qu'on pose $\alpha = \beta'\beta^{-1} \in \text{Aut}_S(M_S)$, on vérifie immédiatement que $\alpha\lambda_d - \lambda'_d\alpha = d(\alpha)$, c'est-à-dire que λ et λ' sont cohomologues. Montrons maintenant que tout 1-cocycle $\lambda : g \to \text{End}_S(M_S)$
provient d'une forme tordue de M . Posons $\overline{d} = \lambda_d + d$, $d \in g$; les
R-endomorphismes semi-linéaires $\overline{d} : M_S \to M_S$ définissent une donnée
de descente radicielle. Soit N le R-module descendu et
$\beta : N_S \to M_S$ le S-isomorphisme correspondant. Par construction
$\overline{d}\beta = \beta d$, donc $\overline{d} = \beta d\beta^{-1}$ et $\lambda_d = \beta d\beta^{-1} - d$. Vérifions finalement
que deux cocycles cohomologues définissent la même forme. Soient
$\beta : N_S \overset{\sim}{\to} M_S$ et $\beta' : N'_S \to M_S$ deux formes tordues de M donnant
des cocycles λ et λ' cohomologues; il existe donc $\alpha \in \text{Aut}_S(M_S)$
tel que $\alpha\lambda_d - \lambda'_d\alpha = d(\alpha)$. Un petit calcul montre alors que
$d\beta^{-1}\alpha^{-1}\beta' = \beta^{-1}\alpha^{-1}\beta'd$ pour tout $d \in g$ et il suit de 6.3 que
$\beta^{-1}\alpha^{-1}\beta' : M'_S \to M_S$ provient d'un R-isomorphisme $M' \to M$. D'où le
résultat.

En résumé, on a donc obtenu:

Proposition 10.1 . Pour toute extension radicielle de hauteur un
$R \subset S$, d'algèbre de Lie g , et pour tout R-module M , l'ensemble
pointé $H^1(g, \text{End}_S(M_S))$ classe les formes tordues de M pour
l'extension $R \subset S$.

Corollaire 10.2 . Soit $K \subset L$ une extension radicielle finie de corps,
de hauteur un et d'algèbre de Lie g . On a alors $H^1(g, M_n(L)) = 0$.

En particulier, pour $n = 1$, $H^1(g, L) = 0$; comme L est commutatif, cela signifie que tout K-homomorphisme $\lambda : g \to L$ tel que
$\lambda([d, d']) = d(\lambda_{d'}) - d'(\lambda_d)$ et que $\lambda(d^p) = \lambda(d)^p + d^{p-1}(\lambda(d))$ est
de la forme $\lambda(d) = d(u)u^{-1}$ pour un élément $u \neq 0$ de L . C'est
l'analogue du théorème 90 de Hilbert.

C. Formes tordues d'algèbres

Soit A une R-algèbre et soit $\beta : B_S \xrightarrow{\sim} A_S$ une forme tordue de A . On vérifie alors que $\lambda_d = \beta d \beta^{-1} - d$ est une S-dérivation de l'algèbre A_S , c'est-à-dire que $\lambda_d(xy) = \lambda_d(x)y + x\lambda_d(y)$ pour tout $d \in g$, $x,y \in A_S$. Comme $Der_S(A_S,A_S)$ possède une structure de p-algèbre de Lie, induite par celle de $End_S(A_S)$, on peut dire que λ est un 1-cocycle de g à valeurs dans $Der_S(A_S,A_S)$. On dira que deux cocycles λ et λ' sont cohomologues s'il existe un automorphisme d'algèbre $\alpha \in Aut_S(A_S)$ tel que $\alpha\lambda_d - \lambda'_d\alpha = d(\alpha)$ pour tout $d \in g$. On obtient alors:

Proposition 10.3 . Les formes tordues de la R-algèbre A sont classées par $H^1(g, Der_S(A_S,A_S))$.

Remarque 10.4 . Si N est un R-module muni d'une forme bilinéaire $B : N \otimes N \to R$, une S-dérivation de N_S est un homomorphisme de S-modules $\partial : N_S \to N_S$ tel que $\partial(B_S(x,y)) = B_S(\partial x,y) + B_S(x,\partial y)$; mais comme ∂ est une S-dérivation et que $B_S(x,y) \in S$, on a simplement $B_S(\partial x,y) + B_S(x,\partial y) = 0$. La p-algèbre de Lie des S-dérivations de N_S est donc la sous-p-algèbre de Lie de $End_S(N_S)$ formée des éléments ∂ tels que $B(\partial x,y) + B(x,\partial y) = 0$. En particulier, on obtient l'équivalent suivant de 9.3 .

Corollaire 10.5 . Soit $K \subset L$ une extension radicielle finie de corps, de hauteur un et de p-algèbre de Lie g . Si $\mathcal{S}_{p_n}(L)$ est la sous-algèbre de Lie de $M_n(L)$ formée des matrices qui laissent une forme bilinéaire alternée invariante, alors $H^1(g, \mathcal{S}_{p_n}(L)) = 0$.

III. ALGEBRES SEPARABLES

§1 Définition et premières propriétés

Soient R un anneau commutatif et A une R-algèbre. On note A^o l'algèbre opposée de A et A^e le produit tensoriel $A \otimes A^o$ ($\otimes$ dénotera toujours le produit tensoriel sur R). Soit M un A-bi-module; on supposera toujours que $mr = rm$, $m \in M$, $r \in R$; M est alors un A^e-module à gauche. En particulier A est un A^e-module à gauche par la multiplication et le produit $p : A^e \to A$, $p(a \otimes b) = ab$, est un homomorphisme de A^e-modules. Soit $J(A)$ le noyau de p :

$$0 \to J(A) \to A^e \xrightarrow{p} A \to 0 .$$

Une R-dérivation de A dans le A-bimodule M est une application R-linéaire $\partial : A \to M$ telle que $\partial(ab) = (\partial a)b + a(\partial b)$, $a,b \in A$. On notera $\mathrm{Der}_R(A,M)$ le R-module des R-dérivations de A dans M . Une dérivation $\partial : A \to M$ est intérieure s'il existe $m \in M$ tel que $\partial(a) = am - ma$. Notons $\delta : A \to J(A)$ la R-dérivation définie par $\delta(a) = a \otimes 1 - 1 \otimes a$, $a \in A$; ∂ est alors intérieure s'il existe m tel que $\partial(a) = \delta(a)m$. Soit $\mathrm{Derint}_R(A,M)$ le sous-module de $\mathrm{Der}_R(A,M)$ formé des dérivations intérieures.

Proposition 1.1 . On a $A\delta(A) = J(A)$.

Démonstration . Un élément $x = \sum a_i \otimes b_i$ de A^e appartient à $J(A)$ si et seulement si $\sum a_i b_i = 0$. Mais alors $x = \sum a_i(1 \otimes b_i - b_i \otimes 1) = -\sum a_i \delta(b_i)$.

Proposition 1.2 . L'homomorphisme $\mathrm{Hom}_{A^e}(J(A),M) \to \mathrm{Der}_R(A,M)$ donné par l'application $f \mapsto \partial(f) = f \circ \delta$ est un isomorphisme tel que les dérivations intérieures correspondent aux A^e-homomorphismes de $J(A)$

dans M qui se laissent étendre à A^e . Si, de plus A est commutative et M est un A-module, la même application induit un isomorphisme $\mathrm{Hom}_A(J(A)/J(A)^2, M) \to \mathrm{Der}_R(A,M)$.

<u>Démonstration</u> . Vérifions tout d'abord la première partie. L'application est injective: si $f \circ \delta = 0$, on a $f(\delta(A)) = 0$, donc $Af(\delta(A)) = f(A\delta(A)) = f(J(A)) = 0$ et surjective: soit $\partial : A \to M$ une R-dérivation. Posons $f(a \otimes b) = -a\partial(b)$, $a \otimes b \in A^e$. C'est une application R-linéaire de A^e dans M et $f(\delta(a)) = f(a \otimes 1 - 1 \otimes a) = -a\partial(1) + 1\partial(a) = \partial(a)$. Montrons que f restreint à $J(A)$ est un A^e-homomorphisme; soient $\sum a_i \otimes b_i \in J(A)$ et $x \otimes y \in A^e$. On a $f((x \otimes y)(\sum a_i \otimes b_i)) = f(\sum xa_i \otimes b_i y) = -\sum xa_i \partial(b_i y) =$ $-\sum xa_i(\partial b_i)y - \sum xa_i b_i(\partial y) = -\sum xa_i(\partial b_i)y$. D'autre part $(x \otimes y)f(\sum a_i \otimes b_i) = -x \otimes y \sum a_i(\partial b_i) = -\sum xa_i(\partial b_i)y$. Si maintenant ∂ est intérieure, $\partial(a) = \delta(a)m$ pour un $m \in M$, et on définit $f : A^e \to M$ par $f(1 \otimes 1) = m$; on a bien $f(\delta(a)) = f(a \otimes 1 - 1 \otimes a) = am - ma$. Inversément, si f est définie sur A^e , $\partial(a) = f(\delta(a)) = \delta(a)f(1 \otimes 1) = \delta a \cdot m$. Pour la deuxième partie, il suffit de vérifier que la projection canonique $\pi : J(A) \to J(A)/J(A)^2$ induit un isomorphisme $\mathrm{Hom}_A(J(A)/J(A)^2, M) \xrightarrow{\sim} \mathrm{Hom}_{A \otimes A}(J(A),M)$. Il suit immédiatement de $a \otimes b = ab \otimes 1 - a(1 \otimes b - b \otimes 1)$ que $f \circ \pi$ est un A^e-homomorphisme si f est un A-homomorphisme. L'application est évidemment injective car π est surjective. Pour voir qu'elle est surjective, il suffit de remarquer qu'un A^e-homomorphisme $f : J(A) \to M$ est nul sur $J(A)^2$; en effet $f((a \otimes 1 - 1 \otimes a)(b \otimes 1 - 1 \otimes b)) = af(b \otimes 1 - 1 \otimes b) - f(b \otimes 1 - 1 \otimes b)a = 0$.

Pour tout A-bimodule M , soit $H^n(A,M) = \mathrm{Ext}^n_{A^e}(A,M)$ le <u>n-ième groupe de cohomologie de Hochschild</u> de la R-algèbre A à coefficients dans M (Cartan-Eilenberg [C.E] p. 169) et soit $M^A = \{m \in M \mid am = ma \ , \ \forall a \in A\}$.

Proposition 1.3 . La suite

$$0 \to M^A \to M \to \mathrm{Der}_R(A,M) \to H^1(A,M) \to 0$$

où la première application est l'inclusion et la deuxième est donnée par les dérivations intérieures, est exacte. En particulier $H^1(A,M) \cong \mathrm{Der}_R(A,M)/\mathrm{Derint}_R(A,M)$.

Démonstration . La suite exacte $0 \to J(A) \to A^e \xrightarrow{p} A \to 0$ induit la suite exacte de cohomologie

$$0 \to \mathrm{Hom}_{A^e}(A,M) \to \mathrm{Hom}_{A^e}(A^e,M) \to \mathrm{Hom}_{A^e}(J(A),M) \to H^1(A,M) \to 0$$

(Cartan-Eilenberg [C.E] p. 169). Les applications $m \mapsto f_m(a) = am$ et $f \mapsto f(1)$ montrent que $M^A \cong \mathrm{Hom}_{A^e}(A,M)$; de même $M \cong \mathrm{Hom}_{A^e}(A^e,M)$ et $\mathrm{Der}_R(A,M) \cong \mathrm{Hom}_{A^e}(J(A),M)$ suit finalement de (1.2) .

Théorème 1.4 . Les propriétés suivantes sont équivalentes

(1) A est un A^e-module projectif.

(2) $H^1(A,M) = 0$ pour tout A-bimodule M .

(3) Le foncteur $M \to M^A$ est exact.

(4) L'application $p' : (A^e)^A \to A^A$ induite par le produit $p : A \otimes A^o \to A$ est surjective.

(5) A^e possède un élément e tel que $(a \otimes 1)e = e(1 \otimes a)$ pour tout $a \in A$ et $p(e) = 1$.

(6) La dérivation $\delta : A \to J(A)$ est intérieure.

(7) Toute R-dérivation $\partial : A \to M$ est intérieure.

Si de plus A est commutative,

(8) Toute R-dérivation est nulle.

(9) $J(A) = J(A)^2$.

Remarquons que e dans 5) est nécessairement un idempotent car $e^2 - e = (e-1\otimes 1)e \in J(A)\cdot e = 0$.

<u>Démonstration</u> . Les équivalences $(1) \Leftrightarrow (2) \Leftrightarrow (3)$ suivent facilement de $M^A = \mathrm{Hom}_{A^e}(A,M)$ et de I.1.1 .

$(1) \Leftrightarrow (5)$, car si s est une section de p , on pose $e = s(1)$, inversément, on définit s par $s(a) = (a\otimes 1)e = e(1\otimes a)$.

$(3) \Rightarrow (4)$, car $p : A^e \to A$ est surjective.

$(4) \Rightarrow (1)$: si $p' : \mathrm{Hom}_{A^e}(A,A^e) \to \mathrm{Hom}_{A^e}(A,A)$ est surjective, il existe $f : A \to A^e$ telle que $pf = 1_A$ et A est A^e-facteur direct de A^e .

$(2) \Leftrightarrow (7)$ suit de 1.3 .

$(7) \Rightarrow (6)$ est trivial.

$(6) \Rightarrow (7)$: soit $\partial \in \mathrm{Der}_R(A,M)$; d'après 1.2, $\partial = f\circ\delta$ avec $f \in \mathrm{Hom}_{A^e}(J(A),M)$. Par (6) , $\delta(a) = \delta(a)\circ e$, $e \in J(A)$, donc $\partial(a) = f(\delta a\cdot e) = \delta(a)\circ f(e)$ est aussi intérieure.

Finalement, dans le cas commutatif, $(7) \Leftrightarrow (8)$ est évident et $(8) \Leftrightarrow (9)$ suit de 1.2 .

Une R-algèbre A satisfaisant aux propriétés équivalentes de 1.4 est appelée <u>séparable</u> sur R . On écrira: A/R est séparable.

<u>Exemples 1.5</u> .

(1) R est trivialement séparable sur R . Plus généralement un produit de copies de R , $R^n = R\times\ldots\times R$ est séparable sur R .

(2) Tout localisé $S^{-1}R$ est séparable sur R , car la multiplication p est alors un isomorphisme.

(3) L'algèbre des $n\times n$-matrices $A = M_n(R)$ à coefficients dans R est séparable. Vérifions 5) de 1.4: l'élément $e = \sum_{i=1}^{n} e_{i1} \otimes e_{1i}$ de A^e appartient à $(A^e)^A$ car $e_{rs}e = e_{r1} \otimes e_{1s} = ee_{rs}$ et $p(e) = \sum_{i=1}^{n} e_{ii} = 1_A$.

Pour toute R-algèbre B , notons $B^B = \{b \in B \mid bx = xb \ , \forall x \in B\}$ le <u>centre</u> de B .

<u>Proposition 1.6</u> . Soient A une R-algèbre séparable et $C = A^A$ le centre de A . La suite exacte de C-modules

$$0 \to M^A \to M \to \mathrm{Der}_R(A,M) \to 0$$

est scindée. En particulier C est C-facteur direct de A .

<u>Démonstration</u> . L'application $c \mapsto c \otimes 1$ envoie C dans le centre $(A^e)^A$ de A^e . Les groupes $\mathrm{Hom}_{A^e}(-,M)$ sont donc des C-modules. Le résultat suit alors du fait que la suite $0 \to J(A) \to A^e \to A \to 0$ est scindée, car A est A^e-projectif.

<u>Proposition 1.7</u> Soient S_i , $i=1,2$ des R-algèbres commutatives.

(a) Si A_i est séparable sur S_i , $i=1,2$, alors $A_1 \otimes A_2$ est séparable sur $S_1 \otimes S_2$ et
centre$(A_1 \otimes A_2) \cong$ centre$(A_1) \otimes$ centre(A_2) .

(b) A_i est séparable sur S_i , $i=1,2$ si et seulement si $A_1 \times A_2$ est séparable sur $S_1 \times S_2$.

(c) A_1/R et A_2/R sont séparables si et seulement si $A_1 \times A_2/R$ est séparable.

<u>Démonstration</u> . (b) et (c) sont faciles. Nous nous bornerons à vérifier (a) . Remarquons tout d'abord que $(A_1 \otimes A_2)^e = A_1^e \otimes A_2^e$. Dans le diagramme commutatif

$$\begin{array}{ccc} \mathrm{Hom}_{A_1^e}(A_1,A_1^e)\otimes \mathrm{Hom}_{A_2^e}(A_2,A_2^e) & \xrightarrow{p_1'\otimes p_2'} & \mathrm{Hom}_{A_1^e}(A_1,A_1)\otimes \mathrm{Hom}_{A_2^e}(A_2,A_2) \\ \downarrow & & \downarrow \\ \mathrm{Hom}_{(A_1\otimes A_2)^e}(A_1\otimes A_2,(A_1\otimes A_2)^e) & \xrightarrow{p'} & \mathrm{Hom}_{(A_1\otimes A_2)^e}(A_1\otimes A_2,A_1\otimes A_2) \end{array}$$

Les applications verticales sont des isomorphismes d'après 1.4.1 . Par hypothèse, $p_1'\otimes p_2'$ est surjective, donc p' est surjective, 1.4.4) . La deuxième affirmation de (a) suit de l'isomorphisme vertical à droite.

En particulier, $A\otimes B/R$ est séparable si A/R et B/R sont séparables. La réciproque est vraie sous certaines hypothèses.

Proposition 1.8 . Soient A et B des R-algèbres, B étant un R-module fidèlement projectif. Si $A\otimes B/R$ est séparable, alors A/R est séparable.

Pour le voir, on utilise le lemme suivant:

Lemme 1.9 . Si B est une R-algèbre fidèlement projective, alors R est facteur direct de B .

Démonstration . L'unité $\varepsilon : R \to B$ possède une section si et seulement si $\mathrm{Hom}(\varepsilon,1) : \mathrm{Hom}_R(B,R) \to \mathrm{Hom}_R(R,R)$ est surjectif. Mais $\mathrm{Hom}(\varepsilon,1)$ est surjectif modulo tout idéal maximal de R , donc il est surjectif (I.3.5).

Démonstration de la proposition 1.8 . D'après 1.9 , $B = R\oplus B_o$ comme R-module. Donc A est facteur direct de $A\otimes B$ comme A^e-module. Par hypothèse, $A\otimes B$ est facteur direct de $(A\otimes B)^e = A^e\otimes B^e$ comme $A^e\otimes B^e$-module, donc aussi comme A^e-module. Mais puisque B^e est un R-module projectif, $A^e\otimes B^e$ est A^e-projectif. D'où le résultat.

Proposition 1.10 . Soit $\phi : A \to B$ un homomorphisme surjectif de R-algèbres. Si A/R est séparable, B/R est aussi séparable et le centre de B est l'image du centre de A .

Démonstration . Tout B-bimodule M est un A-bimodule via ϕ . Si ϕ est surjectif, $M^A = M^B$, d'où le résultat.

§2 Extension et restriction des scalaires

Proposition 2.1 . Si A/R est séparable et S est une R-algèbre commutative, $A \otimes S/S$ est séparable et centre$(A \otimes S)$ = centre$(A) \otimes S$.

Démonstration . Le résultat suit de 1.7 avec $A_1 = A$, $S_1 = R$, et $A_2 = S_2 = S$.

La réciproque est vraie dans quelques cas:

Proposition 2.2 . Soient A une R-algèbre et S une R-algèbre commutative. Si $A \otimes S/S$ est séparable, A/R est séparable dans les cas suivants:

(a) S est un R-module fidèlement projectif.

(b) A est un R-module de type fini et S est fidèlement plate.

(c) A est une R-algèbre commutative de type fini et S est fidèlement plate.

Démonstration . (a): D'après 1.9 , R est R-facteur direct de S et par conséquent A est A^e-facteur direct de $A \otimes S$. Par hypothèse, $A \otimes S$ est $(A \otimes S)^e$-facteur direct de $(A \otimes S)^e = A^e \otimes S$, donc aussi A^e-facteur direct de $A^e \otimes S$, qui est projectif sur A^e car S est projectif sur R .

Pour la démonstration de (b) et de (c), nous aurons besoin du lemme suivant.

Lemme 2.3 . Si A est de type fini comme R-module ou si A est commutative de type fini comme R-algèbre, J(A) est de type fini comme A^e-module et A est de présentation finie comme A^e-module.

Démonstration du lemme . Si J(A) est de type fini sur A^e , A est de présentation finie sur A^e car par définition de J(A) , la suite $0 \to J(A) \to A^e \xrightarrow{p} A \to 0$ est exacte. Cette suite est scindée comme suite de A-modules à gauche, un section σ étant définie par $\sigma(a) = a \otimes 1$. Elle est par conséquent aussi scindée sur R . On voit donc dans le premier cas que J(A) est un R-module de type fini, donc à fortiori un A^e-module de type fini. Dans le second cas, montrons que si les éléments $(x_\lambda)_{\lambda \in \Lambda}$ engendrent A comme R-algèbre, les éléments $(x_\lambda \otimes 1 - 1 \otimes x_\lambda)_{\lambda \in \Lambda}$ engendrent J(A) comme $A \otimes A$-module. Tout d'abord, on sait que les éléments $(a \otimes 1 - 1 \otimes a)_{a \in A}$ engendrent J(A) comme A-module, A agissant sur le premier facteur de $A \otimes A$ (Prop. 1.1). Il suffit donc de voir que $a \otimes 1 - 1 \otimes a$ est combinaison linéaire à coefficients dans $A \otimes A$ des $(x_\lambda \otimes 1 - 1 \otimes x_\lambda)_{\lambda \in \Lambda}$. Par induction, il suffit de le voir pour $a = s \cdot t$, $s,t \in \{x_\lambda\}_{\lambda \in \Lambda}$. Mais alors $st \otimes 1 - 1 \otimes st = (1 \otimes s)(t \otimes 1 - 1 \otimes t) + (t \otimes 1)(s \otimes 1 - 1 \otimes s)$.

Démonstration de 2.2 (b) et (c) . Il suit du lemme ci-dessus et de I.4.1 (b) que $\mathrm{Hom}_{A^e}(A,-) \otimes S \cong \mathrm{Hom}_{A^e \otimes S}(A \otimes S,-)$. Par hypothèse $\mathrm{Hom}_{A^e \otimes S}(A \otimes S,-)$ est exact. Si S est fidèlement plate, $\mathrm{Hom}_{A^e}(A,-)$ est donc aussi exact.

Proposition 2.4 . Soient S une R-algèbre commutative et A une S-algèbre.

(a) Si A/R est séparable, A/S est séparable.

(b) Si A/S et S/R sont séparables, A/R est séparable.

(c) Si A/R est séparable et si A est un S-module fidèlement projectif, S/R est séparable.

Démonstration . (a) Si dans le diagramme commutatif

$$\begin{array}{ccccc} A\otimes_R A^o & \to & A & \to & 0 \\ \downarrow & & \| & & \\ A\otimes_S A^o & \to & A & \to & 0 \\ \downarrow & & & & \\ 0 & & & & \end{array}$$

où les applications horizontales sont les produits, la première ligne possède une section, la seconde ligne en possède aussi une.

(b) Puisque la suite exacte $0 \to J(S) \to S\otimes S \to S \to 0$ est scindée et $S\otimes S = S^e$, $S\otimes_{S^e}(A\otimes A^o)$ est facteur direct de $S^e\otimes_{S^e}(A\otimes A^o)$. Puisque $S\otimes_{S^e}(A\otimes A^o) = A\otimes_S A^o$ et $S^e\otimes_{S^e}(A\otimes A^o) = A\otimes A^o$, $A\otimes_S A^o$ est facteur direct de $A\otimes A^o$. Finalement A est facteur direct de $A\otimes A^o$, car par hypothèse A est facteur direct de $A\otimes_S A^o$.

(c) A est facteur direct de A^e qui est $S\otimes S$-projectif, A est donc $S\otimes S$-projectif. D'après 1.9 S est facteur direct de A , est donc $S\otimes S$-projectif.

Proposition 2.5 . Soit A une R-algèbre, de type fini comme R-module ou commutative et de type fini comme R-algèbre. Alors les propriétés suivantes sont équivalentes

(a) A/R est séparable.

(b) $A_{\underline{p}}/R_{\underline{p}}$ est séparable pour tout $\underline{p}\in \mathrm{Spec}(R)$.

(c) $A_{\underline{m}}/R_{\underline{m}}$ est séparable pour tout $\underline{m}\in \max(R)$.

Démonstration . (a) $\Rightarrow$ (b) par extension des scalaires (2.1) , (b) $\Rightarrow$ (c) est évident. Montrons que (c) $\Rightarrow$ (a) . Par (2.3) A est de présentation finie sur A^e . Il suit alors de I.4.1 que les applications verticales dans le diagramme

$$\begin{array}{ccc} \mathrm{Hom}_{A^e}(A,A^e)\otimes R_{\underline{m}} & \xrightarrow{p'\otimes 1} & \mathrm{Hom}_{A^e}(A,A)\otimes R_{\underline{m}} \\ \downarrow & & \downarrow \\ \mathrm{Hom}_{A^e_{\underline{m}}}(A_{\underline{m}},A^e_{\underline{m}}) & \xrightarrow[p'_{\underline{m}}]{} & \mathrm{Hom}_{A^e_{\underline{m}}}(A_{\underline{m}},A_{\underline{m}}) \end{array}$$

sont des isomorphismes. La première ligne est donc surjective pour tout $\underline{m} \in \max(R)$ d'après 1.4.4). Le résultat suit alors de I.3.3 et de 1.4.4).

La proposition 2.5 ramène l'étude des algèbres séparables au cas local. La proposition suivante permet de se ramener au cas des corps

<u>Proposition 2.6</u> . Soit A une R-algèbre de type fini comme R-module. Alors A/R est séparable si et seulement si $A/\underline{m}A$ est séparable sur $R/\underline{m}$ pour tout $\underline{m} \in \max(R)$.

La démonstration utilise le lemme suivant

<u>Lemme 2.7</u> . Pour toute R-algèbre A et tout R-algèbre commutative S , on a $J(A)\otimes S = J(A\otimes S)$.

<u>Démonstration du lemme</u> . Nous avons vu dans la démonstration de 2.3 que la suite $0 \to J(A) \to A\otimes A^o \xrightarrow{p} A \to 0$ est scindée comme suite de R-modules. D'où le résultat si l'on identifie $(A\otimes A^o)\otimes S$ avec $(A\otimes S)\otimes_S(A^o\otimes S)$.

<u>Démonstration de la proposition</u> . Puisque $S_{\underline{m}}/\underline{m}S_{\underline{m}} \cong S/\underline{m}S$ et $R_{\underline{m}}/\underline{m}R_{\underline{m}} \cong R/\underline{m}$, on peut supposer R local d'idéal maximal $\underline{m}$. Si A/R est séparable, A/mA est séparable sur R/m par extension des scalaires (2.1). Supposons que A/mA soit R/m-séparable. Notons pour simplifier $\overline{X} = X/mX = X\otimes\overline{R}$ pour tout R-module X . On a $\overline{A}^e = \overline{A^e}$, et d'après 2.7 $\overline{J(A)} = J(\overline{A})$. Soit $\delta : A \to J(A)$ la

dérivation canonique de A et soit $\bar{\delta}$ celle de $\bar{A}$. Par hypothèse $\bar{\delta}$ est intérieure, c'est-à-dire que $\bar{\delta}(\bar{a}) = \bar{\delta}(\bar{a})\cdot\bar{e}$ pour un élément $\bar{e}\in J(\bar{A})$. Il en suit que $J(\bar{A}) = \bar{A}\delta(\bar{A}) = J(\bar{A})\bar{e}$ en utilisant 1.1 . Si $e\in J(A)$ relève $\bar{e}$, on a donc $J(A) = J(A)\cdot e + m\circ J(A)$, car $\overline{J(A)} = J(A)/mJ(A) = J(\bar{A})$. Si A est de type fini sur R , $J(A) = A\delta(A)$ (1.1) est aussi de type fini sur R . D'après le lemme de Nakayama (I.2.3), il faut que $J(A) = J(A)\circ e$. Soit $f : A^e \to J(A)$ l'homomorphisme de A^e-modules défini par $f(x) = xe$, $x\in A^e$ et soit i l'inclusion $J(A)\subset A^e$. L'application $f\circ i$ est surjective car $J(A) = J(A)\cdot e$. C'est donc un automorphisme de $J(A)$ puisque $J(A)$ est de type fini sur R (I.2.4). Par conséquent la suite $0 \to J(A) \to A^e \xrightarrow{p} A \to 0$ est scindée.

<u>Exemple 2.8</u> . Soit P un R-module projectif de type fini. La R-algèbre $A = \mathrm{End}_R(P)$ est séparable car $A_{\underline{m}}$ est $R_{\underline{m}}$-séparable pour tout $\underline{m}\in \max(R)$. On vérifie facilement que le centre de A est $R/\mathrm{ann}(P)$ où $\mathrm{ann}(P) = \{x\in R \mid xp = 0 \ \ \forall p\in P\}$ est l'annulateur de P .

Pour une R-algèbre commutative de type fini, on a le résultat suivant , où on note $k(\underline{p}) = R_{\underline{p}}/\underline{p}R_{\underline{p}}$ pour $\underline{p}\in \mathrm{Spec}(R)$.

<u>Proposition 2.9</u> . Soit S une R-algèbre commutative de type fini. Les propriétés suivantes sont équivalentes

(a) S/R est séparable.

(b) $S\otimes k(\underline{p})$ est séparable sur $k(\underline{p})$ pour tout $\underline{p}\in \mathrm{Spec}(R)$.

<u>Démonstration</u> . (a) $\Longrightarrow$ (b) est une conséquence de (2.1).
(b) $\Longrightarrow$ (a): soit $\underline{q}$ un idéal premier de S . D'après 1.4 (9) et I.3.4, il suffit de prouver que $(J(S)/J(S)^2)_{\underline{q}} = 0$. Notons $J(S)/J(S)^2 = \Omega(S)$.
On se ramène au cas où R est local, quitte à remplacer R par $R_{\underline{p}}$ et S par $S_{\underline{p}}$, où $\underline{p} = \underline{q}\cap R$. Il suit alors de (2.7) que

$\Omega(S)_{\underline{q}}/(\underline{p}\,\Omega(S))_{\underline{q}} = (\Omega(S)/\underline{p}\Omega(S))_{\underline{q}} = (\Omega(S\otimes k(\underline{p}))_{\underline{q}}$. Le résultat découlera du lemme de Nakayama (I.2.3) si $\Omega(S)_{\underline{q}}$ est un S_q-module de type fini. Il reste donc à prouver le lemme suivant.

Lemme 2.10 . Si S est une R-algèbre de type fini, $\Omega(S) = J(S)/J(S)^2$ est un S-module de type fini.

Démonstration . Soient $(x_\lambda)_{\lambda\in\Lambda}$ des générateurs de S . Montrons que les éléments $(\overline{x_\lambda\otimes 1-1\otimes x_\lambda})_{\lambda\in\Lambda}$, où "-" dénote la classe modulo $J(S)^2$, engendrent $\Omega(S)$ comme S-module. On sait déjà que les éléments $(x_\lambda\otimes 1-1\otimes x_\lambda)_{\lambda\in\Lambda}$ engendrent $J(S)$ comme $S\otimes S$-module (démonstration du lemme 2.3). Puisque $a\otimes b = ab\otimes 1 - a(1\otimes b-b\otimes 1)$, on a $(a\otimes b)(\overline{x_\lambda\otimes 1-1\otimes x_\lambda}) = (ab\otimes 1)(\overline{x_\lambda\otimes 1-1\otimes x_\lambda})$, d'où l'assertion.

§3 Algèbres séparables sur un corps

Le but de ce paragraphe est la démonstration du théorème de structure des algèbres séparables sur un corps:

Théorème 3.1 . Une algèbre sur un corps K est séparable si et seulement si elle est isomorphe à une algèbre de la forme $\prod_{i=1}^{r} M_{n_i}(D_i)$ où D_i est une algèbre de division de dimension finie sur K et le centre de D_i est une extension séparable (comme corps) de dimension finie de K .

Montrons tout d'abord qu'une algèbre séparable sur un corps est nécessairement de dimension finie. De façon plus générale.

Proposition 3.2 . Si A/R est séparable et A est un R-module projectif, alors A est un R-module de type fini.

Démonstration . Si A est un R-module projectif, A^o (l'algèbre opposée) est aussi projectif. Soient $e_k\in A^o$ et $f_k\in \mathrm{Hom}_R(A^o,R)$

tels que I.1.1 (d) soit satisfait. Rappelons que $f_k(a) = 0$ pour presque tout k et $a = \sum_k f_k(a)e_k$ pour tout $a \in A^o$. Identifiant $A \otimes R$ avec A, on peut considérer $1_A \otimes f_k$ comme élément de $Hom_A(A^e, A)$. A^e est un A-module projectif à gauche et on a

$$(*) \qquad x = \sum_k (1_A \otimes f_k)(x)(1_A \otimes e_k) \qquad \text{pour tout } x \in A^e .$$

Soit $p : A^e \to A$ le produit et soit $e \in (A^e)^A$ tel que $p(e) = 1$ (1.4.5)). On a $a = p((1 \otimes a)e) = \sum_k [(1_A \otimes f_k)((1 \otimes a)e)]e_k$. De plus $(1_A \otimes f_k)((1 \otimes a)e) = (1_A \otimes f_k)((a \otimes 1)e) = (a \otimes 1)(1_A \otimes f_k)(e)$. Par conséquent l'ensemble des indices k pour lesquels $(1_A \otimes f_k)(1 \otimes a)e) \neq 0$ est contenu dans l'ensemble I des indices k tels que $(1_A \otimes f_k)(e) \neq 0$. Le dernier est fini et est indépendant de a. Ecrivons $e = \sum_{j=1}^{n} x_j \otimes y_j$. Il suit de (*) que $a = \sum_{\substack{j=1 \\ k \in I}}^{n} x_j f_k(y_j a)e_k = \sum_{\substack{j=1 \\ k \in I}}^{n} f_k(y_j a)x_j a_k$. L'ensemble fini $\{x_j, j=1,\dots,n \,,\, a_k \,,\, k \in I\}$ engendre donc A^o et par conséquent A.

De la proposition suivante, on déduira qu'une algèbre séparable sur un corps est semi-simple.

Proposition 3.3. Si A est une algèbre séparable sur un corps, tout A-module à gauche est projectif.

Démonstration. Il faut montrer que pour tout A-module à gauche, $Hom_A(M,-)$ est exact. Puisque K est un corps, $Hom_K(M,-)$ est exact. Pour tout A-module à gauche N, $Hom_K(M,N)$ est un A-bimodule par $(afb)(m) = a(f(bm))$, $a,b \in A$, $f \in Hom_K(M,N)$, $m \in M$. On vérifie alors que $(Hom_K(M,N))^A = Hom_A(M,N)$. Puisque A est séparable, $(-)^A$ est exact, d'où le résultat. Il suit de 3.2 et 3.3 qu'une algèbre A séparable sur un corps K est semi-simple de dimension finie. D'après le théorème de Wedderburn (Bass $[B]_2$ p. 79) on sait alors que

$$A \cong \prod_{i=1}^{r} M_{n_i}(D_i)$$

où D_i est une algèbre de division de dimension finie sur K . Soit C_i le centre de D_i . Le centre C de A est $\prod_{i=1}^{r} C_i$. A est un C-module projectif de type fini. De plus A est fidèle sur C , car C est C-facteur direct de A (1.6) . D'après 2.4 (c) , C/K est séparable. Il suit alors de 1.7 (c) que les corps C_i sont des algèbres séparables sur K .

Proposition 3.4 . Une extension finie quelconque L d'un corps K est séparable comme algèbre si et seulement si elle est séparable comme corps.

Démonstration . Soit K_1 une extension intermédiaire $K \subset K_1 \subset L$. D'après 2.4, L/K est séparable comme algèbre si et seulement si L/K_1 et K_1/K sont séparables comme algèbres. Comme la même remarque vaut pout des extension séparables comme corps, il suffit de démontrer 3.4 pour une extension simple $L = K[x]/(f(x))$. Supposons que L soit séparable comme algèbre sur K . D'après 1.4.b) (B) toute K-dérivation de L est nulle. Si L n'est pas séparable comme corps, on peut construire une dérivation non nulle de L . En effet, il existe alors une extension intermédiaire $K \subset M \subset L$ telle que $L = M[x]/(x^{p^s}-a)$ où $s \in M$ et p est la caractéristique de K . On prend alors $\frac{d}{dx}$. Inversément, supposons L/K séparable comme corps. Soit M une extension finie de K qui décompose $f(x)$, $f(x) = (x-a_1)\dots(x-a_r)$, $a_i \neq a_j$, $a_i \in M$. Les projections $L \otimes M = M[x]/(f(x)) \longrightarrow M[x]/(x-a_i)$ définissent un M-isomorphisme de $L \otimes M$ dans un produit de r copies de M ; $L \otimes M/M$ est donc séparable d'après 1.7 (c) et L/K est séparable d'après 2.2 .

Une direction du théorème 3.1 est ainsi démontrée. Montrons finalement qu'une algèbre de la forme $\prod_{i=1}^{r} M_{n_i}(D_i)$ est séparable sur K . Il suffit de montrer que $M_{n_i}(D_i)$ est séparable et puisque sur K $M_{n_i}(K)$ est séparable (1.5.3)), que D_i est séparable. Par hypothèse, le centre de D_i est séparable sur K . On est donc ramené à prouver que D_i est séparable sur son centre.

<u>Proposition 3.5</u> . Soit D un anneau de division de dimension finie sur son centre K . Alors D est séparable sur K .

<u>Démonstration</u> . Nous verrons (6.1 et 6.2) qu'il existe une extension finie $K \subset L$ telle que $D \otimes L \cong M_n(L)$; $D \otimes L$ est séparable sur L , d'où le résultat d'après 2.2 . On peut aussi vérifier directement que $D \otimes D^o \cong \mathrm{End}_K(D)$ (voir 5.1) et conclure par 1.8.

§4 Algèbres séparables commutatives

Le théorème 3.1 donne le résultat particulier suivant dans le cas commutatif:

<u>Proposition 4.1</u> . Une algèbre commutative sur un corps K est séparable si et seulement si S est un produit fini de corps, extensions séparables finies de K .

Dans le cas général, le résultat suivant permet de se ramener au cas d'un corps:

<u>Théorème 4.2</u> . Soit S une R-algèbre commutative de type fini. Les propriétés suivantes sont équivalentes:

1) S/R est séparable.
2) Pour tout $\underline{p} \in \mathrm{Spec}(R)$, $S \otimes k(\underline{p}) = S_{\underline{p}}/\underline{p}S_{\underline{p}}$ est séparable sur $k(\underline{p}) = R_{\underline{p}}/\underline{p}R$.

3) Pour tout $\underline{p} \in \mathrm{Spec}(R)$ et tout $\underline{q} \in \mathrm{Spec}(S)$ tel que $\underline{q} \cap R = \underline{p}$, on a $\underline{p}S\underline{q} = \underline{q}S\underline{q}$ et $k(\underline{q}) = S\underline{q}/\underline{q}S\underline{q}$ est une extension séparable finie de $k(\underline{p}) = R\underline{p}/\underline{p}R_{\underline{q}}$.

Démonstration .

1) $\Leftrightarrow$ 2) a déjà été démontré en 2.8 .

1) $\Rightarrow$ 3) En observant que $S_{\underline{q}}$ est séparable sur $S_{\underline{p}}$, étant un localisé (Exemple 1.5.2) , on a que $S_{\underline{q}}/\underline{p}S_{\underline{q}}$ est une $k(\underline{p})$-algèbre séparable. C'est donc un produit de corps d'après 4.1, mais en même temps une $k(\underline{p})$-algèbre locale car $\underline{p}S\underline{q} \subset \underline{q}S\underline{q}$. Il faut donc que $S_{\underline{q}}/\underline{p}S_{\underline{q}}$ soit un corps, d'où $\underline{p}S_{\underline{q}} = \underline{q}S_{\underline{q}}$ et $k(\underline{q})$ séparable sur $k(\underline{p})$.

3) $\Rightarrow$ 2) . On peut supposer R local d'idéal maximal $\underline{p}$. Soit $\underline{q}$ un idéal premier de S tel que $\underline{q} \cap S = \underline{p}$. Le quotient $S/\underline{q}$ est une $k(\underline{p})$-algèbre intègre de corps de fractions $k(\underline{q})$. Le degré de $k(\underline{q})$ sur $k(\underline{p})$ étant fini, $S/\underline{q}$ est entière sur $k(\underline{p})$ et coïncide donc avec $k(\underline{q})$. L'idéal $\underline{q}$ est donc maximal, c'est-à-dire que tout idéal premier de $\bar{S} = S/\underline{p}S = S \otimes k(\underline{p})$ est maximal. La $k(\underline{p})$-algèbre $\bar{S}$ est noethérienne car elle est de type fini sur $k(\underline{p})$. On sait alors que $\bar{S}$ est artinienne (Atiyah-Macdonald [AM] th. 8.5). Par conséquent (Atiyah-Macdonald [AM] Th. 8.6), $\bar{S}$ est produit fini de $k(\underline{p})$-algèbres locales S_i , $\bar{S} = \prod_{i=1}^{n} S_i$. Si $\underline{m}_i$ est l'idéal maximal (nilpotent) de S_i , les idéaux maximaux de $\bar{S}$ sont de la forme $\bar{\underline{q}} = S_1 \times \dots \times \underline{m}_i \times \dots S_n$. La condition $\underline{p}S\underline{q} = \underline{q}S\underline{q}$ implique, si l'on tensorise avec $k(\underline{p})$ que les $\underline{m}_i$ sont tous nuls, c'est-à-dire que $\bar{S}$ est un produit d'extensions de $k(\underline{p})$; ce sont des extensions séparables. En effet elles coïncident avec les extensions résiduelles $k(\underline{p}) \subset k(\underline{q})$, car $\underline{q} \cap R = \underline{p}$.

Remarque 4.3 . Une extension $R \subset S$ vérifiant 3) de 4.2 est appelée extension non-ramifiée. Si $K \subset L$ est une extension de corps de nombres algébriques (c'est-à-dire des extensions finies du corps des rationnels Q) , d'anneaux d'entiers $R \subset S$, on dit que $K \subset L$ est non ramifiée si $R \subset S$ est non ramifiée. Le résultat suivant est alors une conséquence de 4.2 .

<u>Théorème 4.4</u> . Soit $K \subset L$ une extension de corps de nombres algébriques, d'anneaux d'entiers $R \subset S$. Alors S/R est séparable si et seulement si $K \subset L$ est non ramifiée.

<u>Corollaire 4.5</u> . Supposons en plus que $K \subset L$ soit galoisien de groupe G . Alors $R \subset S$ est galoisienne de groupe G si et seulement si $K \subset L$ est non ramifiée.

<u>Démonstration</u> . D'après 4.4 il suffit de montrer que galoisien équivaut à séparable. Si $R \subset S$ est galoisienne, il suit de II.5.6 et de 2.2 que S/R est séparable. Inversément, montrons que si S/R est séparable, l'homomorphisme $\gamma : S \otimes S \to \Pi S$ donné par $s \otimes t \mapsto (s\sigma(t))_{\sigma \in G}$ est un isomorphisme. Soit γ_σ la composante σ de γ . Si S/R est séparable, $S \otimes S/S$ est séparable (S agissant sur le 1er facteur). Soit $e = \sum u_i \otimes v_i \in (S \otimes S) \otimes_S (S \otimes S)$ tel que $\sum u_i v_i = 1 \in S \otimes S$ et $xe = ex$ pour tout $x \in S \otimes S$ (1.4). Posons $e_\sigma = \sum_i u_i \sigma(v_i) \in S \otimes S$. On vérifie immédiatement que $\gamma_\sigma(e_\sigma) = 1$ et que $\gamma_\sigma(x)e_\sigma = xe_\sigma$, $x \in S \otimes S$. En posant $x = e_\sigma$ dans cette dernière relation, on voit que e_σ est un idempotent. De plus, pour tout $x \in S \otimes S$, on a $\gamma_\sigma(x)\gamma_\sigma(e_\tau) = \gamma_\sigma(xe_\tau) = \gamma_\sigma(\gamma_\tau(x)e_\tau) = \gamma_\tau(x)\gamma_\sigma(e_\tau)$ dans S qui est intègre. Comme $\gamma_\sigma \neq \gamma_\tau$ si $\sigma \neq \tau$, il faut donc que $\gamma_\sigma(e_\tau) = \delta_{\sigma,\tau}$. On en conclut que γ est surjectif. Mais γ est injectif puisque $S \otimes S$ et $\prod S$ ont le même rang sur R .

Il est bien connu qu'une extension finie de corps est séparable si et seulement si la trace définit une forme bilinéaire non-dégénérée. Nous verrons maintenant que ce résultat est valable de façon générale pour des extensions fidèlement projectives.

Soit S une R-algèbre commutative fidèlement projective et de rang constant n . Soit $\rho : S \to \mathrm{End}_R(S)$ la représentation régulière de S , c'est-à-dire donnée par la multiplication, $\rho(s)(x) = sx$. On appelle <u>trace de S sur R</u> , l'application $Tr_{S/R} : S \to R$ obtenue en prenant la trace de ρ (voir II. 2.4 et II.2.6). Pour toute base duale $\{y_i, f_i\}$, $y_i \in S$ et $f_i \in S^* = \mathrm{Hom}_R(S,R)$, notons $t : S \to R$ l'application donnée par $t(x) = \sum f_i(xy_i)$, $x \in S$.

<u>Lemme 4.6</u> . On a $t(x) = Tr_{S/R}(x)$ pour tout $x \in S$. En particulier t ne dépend pas du choix de la base duale $\{y_i, f_i\}$ de S .

<u>Démonstration</u> . Montrons tout d'abord que t ne dépend pas du choix de la base duale. Soit $\{z_j, g_j\}$ une autre base duale de S . On peut alors écrire $\sum_i f_i(xy_i) = \sum_i f_i(\sum_j z_j g_j(xy_i)) = \sum_{i,j} f_i(z_j) g_j(xy_i)$ et $\sum_j g_j(xz_j) = \sum_j g_j(x \sum_i y_i f_i(z_j)) = \sum_{i,j} f_i(z_j) g_j(xy_i)$. Soit maintenant T un recouvrement de Zariski de R tel que $S \otimes T$ soit un T-module libre, de base $e_1, \ldots, e_n$. Par descente, il suffit de vérifier que $t \otimes 1_T = Tr_{S/R} \otimes 1_T$. Soient $\phi_j \in \mathrm{Hom}_T(S \otimes T, T)$ tels que $\phi_j(e_i) = \delta_{ij}$. Si $x \cdot e_i = \sum_j x_{ij} e_j$, on a

$Tr_{S/R}(x) \otimes 1 = Tr_{S \otimes T/T}(x \otimes 1) = \sum_i x_{ii}$, d'autre part $t(x) \otimes 1 = t(x \otimes 1)$ puisque t ne dépend pas du choix de la base duale, et

$t(x \otimes 1) = \sum_i \phi_i(xe_i) = \sum_{i,j} \phi_i(x_{ij} e_j) = \sum_i x_{ii}$.

Notons également $Tr_{S/R}$ la forme bilinéaire symétrique $S \times S \to R$ définie par $(x,y) \mapsto Tr_{S/R}(x \cdot y)$. Pout tout n-tuple $(x_1, \ldots, x_n)$ d'éléments de S , notons $D(x_1, \ldots, x_n)$ le déterminant de la matrice $Tr_{S/R}(x_i, x_j)$ et $\delta(S/R)$ l'idéal de R engendré par les $D(x_1, \ldots, x_n)$ pour tous les n-tuples $(x_1, \ldots, x_n)$.

<u>Théorème 4.7</u> . Soit S une R-algèbre commutative. Les propriétés suivantes sont équivalentes:

1) S est fidèlement projective, de rang constant et séparable sur R .

2) Il existe une R-algèbre fidèlement projective et séparable T telle que $S \otimes T \cong T^n$ comme T-algèbres.

3) Il existe une R-algèbre fidèlement plate T telle que $S \otimes T \cong T^n$ comme T-algèbres.

4) S est fidèlement projective et la forme bilinéaire $Tr_{S/R}$ est <u>non-dégénérée</u> (c'est-à-dire qu'elle induit un isomorphisme $S \xrightarrow{\sim} S^*$) .

5) S est un R-module de type fini et $\delta(S/R) = R$.

De plus les propriétés

4') $Tr_{S/R}$ est non-dégénérée et S est libre de rang fini sur R .

5') Il existe des générateurs $x_1,\ldots,x_n$ de S tels que $D(x_1,\ldots,x_n)$ soit une unité de R .

sont équivalentes.

<u>Démonstration</u> .

1) $\Longrightarrow$ 2) Soit $m_R(S)$ le rang de S sur R . Si $m_R(S) = 1$, $S = R$ et il n'y a rien à vérifier. Supposons par induction que l'implication est vraie pour toute extension $A \subset B$ satisfaisant aux hypothèses et telle que $m_A(B) < m_R(S)$. La S-algèbre $S \otimes S$ (via le premier facteur) vérifie 1) (2.1) et possède un idempotent e tel que $(S \otimes S)e \cong S$ (1.4 (5)). Dans la décomposition $S \otimes S = (S \otimes S)e \oplus (S \otimes S)(1-e)$, les deux termes ont un rang inférieur à $m_R(S)$ et vérifient 1) d'après (1.7). Par induction, il existe donc T_1 et T_2 telles que $[(S \otimes S)e] \otimes_S T_1 = T_1 \times \ldots \times T_1$ et $[(S \otimes S)(1-e)] \otimes_S T_2 = T_2 \times \ldots \times T_2$. La S-algèbre $T = T_1 \otimes_S T_2$ est l'extension cherchée.

2) $\Longrightarrow$ 3) est immédiat.

3) $\Longrightarrow$ 4) La première affirmation suit par platitude fidèle (I.3.6), la seconde aussi, car $Tr_{S/R} \otimes 1_T$ est évidemment non-dégénérée.

4) $\Longrightarrow$ 1) Soit $\{y_i, f_i\}$ une base duale de S sur R. Puisque $Tr_{S/R}$ est non-dégénérée, il existe $x_i \in S$ tels que $f_i(x) = Tr(x, x_i)$ pour tout $x \in S$. Montrons que $e = \sum x_i \otimes y_i$ vérifie 1.4.5), c'est-à-dire que $p(e) = 1$ et $(x \otimes 1)e = (1 \otimes x)e$, $x \in S$. Pour tout $x \in S$, on a en utilisant 4.6 que

$t(x(1-\sum x_i y_i)) = t(x) - t(x(\sum x_i y_i)) = \sum t(xx_i y_i) - \sum t(xx_i y_i) = 0$.

On en conclut que $\sum x_i y_i = 1$, car $t = Tr_{S/R}$ est non-dégénérée. Finalement, tout x de S vérifie $(x \otimes 1)e = \sum_i xx_i \otimes y_i =$

$\sum_{ij} Tr(xx_i x_j) y_j \otimes y_i = \sum y_j \otimes Tr(xx_i y_j) y_i = \sum y_j \otimes xx_j = (1 \otimes x)e$.

4) $\Longleftrightarrow$ 5): Par localisation, il suffit de prouver que 4') $\Longleftrightarrow$ 5').

4') $\Longrightarrow$ 5'): Soit $y_1, \ldots, y_n$ une base de S et soit $x_1, \ldots, x_n$ la base duale pour la forme bilinéaire $Tr_{S/R}$; on a donc $Tr(x_i y_j) = \delta_{ij}$. Une telle base duale existe certainement si $Tr_{S/R}$ est non-dégénérée. De l'égalité $x_i = \sum_j Tr(x_i x_j) y_j$ suit que le produit des matrices $(Tr(x_i x_j))$ et $(Tr(y_i y_j))$ est l'identité, d'où 5').

5') $\Longrightarrow$ 4'). Par hypothèse, le système d'équation $x_j = \sum_i Tr(x_i x_j) Y_i$ possède une unique solution $y_1, \ldots, y_n$. Il est alors clair que $\{y_i, f_i\}$ avec $f_i = Tr(-\cdot x_i)$ forme une base duale pour S ; en effet on a $x = \sum_i Tr(xx_i) y_i$ pour tout $x \in S$. Il en suit les égalités matricielles $(Tr(x_i y_j))^2 = (Tr(x_i y_j))$ et $(Tr(x_i y_j))(Tr(x_i x_j)) = Tr(x_i x_j)$. Par conséquent $(Tr(x_i y_j))$ est une matrice idempotente inversible, c'est donc l'identité et les x_i doivent former une base de S.

<u>Remarque 4.8</u>. 4.7.3) signifie exactement que S est forme tordue de $T \times \ldots \times T$.

Comme application des théorèmes 4.4 et 4.7 démontrons la proposition suivante:

<u>Proposition 4.9</u> . Soient K un corps de nombres algébriques et R l'anneau des entiers de K . Si K n'admet aucune extension non-ramifiée différente de K , les seules R-algèbres séparables fidèlement projectives sont de la forme $R\times\ldots\times R$.

<u>Démonstration</u> . Soit S une R-algèbre fidèlement projective et séparable. Par extension des scalaires, on a $S\otimes K \cong \prod_{i=1}^{n} L_i$ où L_i est une extension finie séparable de K . Soit A_i l'anneau des entiers de L_i et soit S_i la projection de S dans L_i . On a $S_i \subset A_i$ car S est entière sur R et $S_iK = L_i$. Les R-modules S_i et A_i ont donc même rang et $\delta(S_i/R) \subset \delta(A_i/R)$. Puisque S_i est séparable (1.7), il suit de 4.6 5) que $R = \delta(S_i/R) \subset \delta(A_i(R)$ et par conséquent A_i/R est aussi séparable. D'après 4.4 $K \subset L_i$ est non ramifiée. On a donc par hypothèse $L_i = K$ et $S\otimes K = K\times\ldots\times K$; d'où $S \subset R\times\ldots\times R$ (même nombre de facteurs). Si $\delta(S/R) = R$, on a $\delta(S_{\underline{p}}/R_{\underline{p}}) = \delta(S/R)_{\underline{p}} = R_{\underline{p}}$ pour tout $\underline{p} \in \mathrm{Spec}(R)$. Soit $e_1,\ldots,e_n$ la base canonique de $R_{\underline{p}}\times\ldots\times R_{\underline{p}}$ et $x_i = \sum a_{ij}e_j$, $a_{ij} \in R_{\underline{p}}$, $i=1,\ldots,n$ des éléments de S . Un calcul facile montre que $D(x_1,\ldots,x_n) = (\det(a_{ij}))^2$. Pour que $\delta(S_{\underline{p}}/R_{\underline{p}})$ soit tout $R_{\underline{p}}$, il faut qu'il existe un n-tuple $(x_1,\ldots,x_n)$ tel que $D(x_1,\ldots,x_n)$ soit une unité de $R_{\underline{p}}$ (4.7 (5')). Mais alors la matrice (a_{ij}) est inversible et on a l'égalité $S_{\underline{p}} = R_{\underline{p}}\times\ldots\times R_{\underline{p}}$. C'est vrai pour tout $\underline{p} \in \mathrm{Spec}(R)$, d'où le résultat.

Construisons finalement un exemple où l'hypothèse de 4.9 est vérifiée:

<u>Proposition 4.10</u> . $Q(\sqrt{2})$ n'a aucune extension non ramifiée non triviale.

Démonstration . Soient L une extension de Q de degré n , S son anneau d'entiers et d(S/$\mathbb{Z}$) le générateur positif de l'idéal $\delta(S/\mathbb{Z}) \subset \mathbb{Z}$. Pour toute extension intermédiaire $Q \subset K \subset L$ d'anneau d'entiers R , on a $\delta(S/\mathbb{Z}) = N_{L/K}(\delta(S/R)) \cdot \delta(R/\mathbb{Z})^{[L:K]}$ ([C.F] p. 17). Soient $K = Q(\sqrt{2})$ et L une extension non-ramifiée de K . On vérifie que $R = \mathbb{Z}[\sqrt{2}]$ et que $\delta(R/\mathbb{Z}) = (8)$. D'autre-part, de $\delta(S/R) = R$ et $N_{L/K}(R) = \mathbb{Z}$, on déduit

$$d = d(S/\mathbb{Z}) = 8^{[L:K]} = 8^{n/2} .$$

D'après le théorème de Minkowski ([Sa] p. 70)

$$d^{1/2} \geqslant \left(\frac{\pi}{4}\right)^{n/2} \frac{n^n}{n!} .$$

ainsi $8^{n/4} \geqslant \left(\frac{\pi}{4}\right)^{n/2} \frac{n^n}{n!}$, ce qui n'est possible que pour $n \leqslant 3$. L'extension L/K est donc de degré $\leqslant 3$ sur Q ; elle doit coïncider avec K .

Corollaire 4.11 . Toute algèbre commutative fidèlement projective séparable sur $\mathbb{Z}[\sqrt{2}]$ est de la forme $\mathbb{Z}[\sqrt{2}] \times \ldots \times \mathbb{Z}[\sqrt{2}]$.

§5 Algèbres d'Azumaya

On dira qu'une R-algèbre A est centrale si A est un R-module fidèle et le centre de A se réduit à R , c'est-à-dire si $\{x \mid xa = ax , \forall a \in A\} = R$. Notre prochain but est l'étude des algèbres centrales séparables. Supposons tout d'abord que A soit centrale séparable sur un corps K . D'après 3.1 , A est isomorphe à $M_n(D)$ où D est une algèbre de division centrale sur K . Une algèbre centrale séparable sur K est donc centrale, simple (c'est-à-dire sans idéaux bilatères non triviaux) et de dimension finie sur K .

Théorème 5.1 . Soit A une R-algèbre. Les propriétés suivantes sont équivalentes:

1) A/R est centrale et séparable.
2) A est un R-module fidèlement projectif et l'application $a \otimes b \mapsto (x \to axb)$ induit un isomorphisme de R-algèbres $A \otimes A^{o} \to \mathrm{End}_R(A)$.
3) Les foncteurs $N \mapsto A \otimes N$ et $M \mapsto M^A$ définissent une équivalence des catégories R-Mod et A^e-Mod .
4) A est un R-module fidèle de type fini et $A/\underline{m}A$ est centrale simple de dimension finie sur $R/\underline{m}$ pour tout $\underline{m} \in \max(R)$.
5) Il existe une R-algèbre B et un R-module fidèlement projectif P tels que $A \otimes B \cong \mathrm{End}_R(P)$ comme R-algèbres.

Démonstration . 1)$\Longrightarrow$2) Si A est centrale, avec les notations de I,7, $(R = \mathrm{End}_{A^e}(A), A^e, A, \mathrm{Hom}_{A^e}(A,A^e), f_A, g_A)$ est une donnée de prééquivalence. Il suit de I.7.1 (a) que f_A est un isomorphisme. Montrons que g_A est surjectif. Soit M un idéal bilatère maximal de A et soit $\underline{m} = M \cap R$. Le centre de A/M est l'image du centre de A (1.10), est donc $R/\underline{m}$. Comme $\bar{A} = A/M$ n'a pas d'idéaux bilatères non triviaux, son centre est un corps. En effet, soit $a \in R$, $a \notin \underline{m}$. Puisque $\bar{a}\bar{A} = \bar{A}$, il existe $\bar{u} \in \bar{A}$ tel que $\bar{a}\bar{u} = 1$. Puisque A/M est séparable, son centre $R/\underline{m}$ est $R/\underline{m}$-facteur direct (1.6) . Ecrivons $\bar{u} = \bar{u}_1 + \bar{u}_2$, $\bar{u}_1 \in R/\underline{m} = \bar{R}$. On a alors $\bar{a}\bar{u}_1 = 1$ et $\bar{a} \in \bar{R}$, $\bar{a} \neq 0$ est une unité. L'idéal $\underline{m}$ de R est donc maximal et l'algèbre $A/\underline{m}A$ est centrale séparable sur le corps $R/\underline{m}$. D'après 3.1 , $A/\underline{m}A$ est simple, et ainsi $\underline{m}A = M$. Appliqué à A^e , qui est centrale séparable d'après 1.7 (a), ce résultat montre que tout idéal maximal bilatère de A^e est de la forme $\underline{m}A^e$, $\underline{m} \in \max(R)$. Si $\mathrm{Im}(\phi_A) \neq A^e$, il existe alors un idéal bilatère maximal $\underline{m}A^e$ tel que $\mathrm{Im}(\phi_A) \subset mA^e$. Comme A est un A^e-module à gauche, on a

$\mathrm{Im}(\phi_A)A \subset (\underline{m}A^e)A = \underline{m}A$. Puisque A est A^e-projectif, il existe des éléments $q_i \in A$ et $f_i \in \mathrm{Hom}_{A^e}(A,A^e)$ tels que $f_i(a) = 0$ pour presque tout i et $a = \sum f_i(a)a_i$ pour tout $a \in A$ (I.1.1) . L'idéal bilatère $\mathrm{Im}(\phi_A)$ de A^e est engendré par les $f_j(a_i)$, en effet, si $f \in \mathrm{Hom}_{A^e}(A,A^e), f(a) = f(\sum_i f_i(a)a_i) = \sum_{i,j} f(f_i)a)f_j(a_i)a_j) =$ $\sum_{i,j} f_i(a)f_j(a_i)f(a_j)$. Il suit alors de $\sum f_i(a)a_i = a$ pour $\forall a \in A$ que $(\mathrm{Im}(\phi))A = A$ et donc que $\underline{m}A = A$. C'est impossible, car d'après 1.5 R est R-facteur direct de A . g_A est donc surjectif et il suit de I.7.1 (b) que g_A est un isomorphisme; finalement, d'après I.7.1 (c) $(R,A^e,A,\mathrm{Hom}_{A^e}(A,A^e),f_A,g_A)$ est une donnée d'équivalence. D'après I.7.2 , A est un R-module fidèlement projectif et $A^e \cong \mathrm{End}_R A$.

2) $\Longrightarrow$ 3) Puisque A/R est fidèlement projectif, d'après I.7.1 (c), $(\mathrm{End}_R(A), R, A, \mathrm{Hom}_R(A,R), f_A, g_A)$ est une donnée d'équivalence. Il suit alors de l'isomorphisme $A^e \cong \mathrm{End}_R(A)$ et de I.7.2 que les catégories A^e-$\underline{\mathrm{mod}}$ et R-$\underline{\mathrm{mod}}$ sont équivalentes. Dans la direction R-$\underline{\mathrm{mod}} \longrightarrow A^e$-$\underline{\mathrm{mod}}$, l'équivalence est donnée par $A \otimes_R -$, dans l'autre direction par le foncteur $\mathrm{Hom}_{A^e}(A,A^e) \otimes_{A^e} -$ qui est naturellement isomorphe à $\mathrm{Hom}_{A^e}(A,-)$. En effet, soit

$h_N : \mathrm{Hom}_{A^e}(N,A^e) \otimes_{A^e} - \longrightarrow \mathrm{Hom}_{A^e}(N,-)$ la transformation naturelle définie par $h_N(f \otimes -)(n) = f(n).-$; c'est un isomorphisme pour $N = A^e$, donc par additivité aussi pour $N = A$, car d'après 7.2 , A est $\mathrm{End}_R(A)$-projectif de type fini, donc A^e-projectif.

3) $\Longrightarrow$ 1) Il suit immédiatement de 3) que $A^A = R$, donc que A est centrale. On a alors $R = \mathrm{Hom}_{A^e}(A,A)$ et $(R,A^e,A,\mathrm{Hom}_{A^e}(A,A^e),f_A,g_A)$ est une donnée de prééquivalence. Il suit de 3) que f_A est surjectif. Par conséquent A est A^e-projectif.

1) $\Longrightarrow$ 4) Puisque A est centrale, on sait déjà que A est un R-module fidèle et puisque 1) $\Longrightarrow$ 2) A est de type fini. Le reste est

clair d'après 1.10 et 3.1.

4) $\Rightarrow$ 1) Puisque $A/\underline{m}A$ est séparable sur $R/\underline{m}$ pour tout $\underline{m} \in \max(R)$ et que A est de type fini, il suit de 2.6 que A est séparable. Le centre C de A, qui est facteur direct de A, est aussi de type fini sur R. L'unité $R \to C$ est donc surjective (I.3.5), car elle surjective modulo tout idéal maximal $\underline{m}$ de R et elle est injective car A est un R-module fidèle.

2) $\Rightarrow$ 5) On choisit $B = A^{o}$ et $P = A$.

5) $\Rightarrow$ 1) Le R-module $\mathrm{End}_R(P)$ est fidèlement projectif. Puisque $A \otimes B \cong \mathrm{End}_R(P)$, A et B sont aussi fidèlement projectifs (I.6.3). L'algèbre $\mathrm{End}_R(P)$ est centrale séparable (1.5.3). Il suit alors de 1.8 que A et B sont séparables. Puisque R
$R = \mathrm{centre}(A \otimes B) = \mathrm{centre}(A) \otimes \mathrm{centre}(B)$ (1.7), le centre C de A est localement libre de rang un, donc $R = C$, car $R \subset C$.

Une R-algèbre A satisfaisant aux propriétés équivalentes du théorème 5.1 est appelée <u>R-algèbre d'Azumaya</u>.
Toute une série de propriétés des algèbres d'Azumaya peuvent se déduire de 5.1 :

<u>Corollaire 5.2</u> . Tout idéal bilatère d'une R-algèbre d'Azumaya est de la forme IA où I est un idéal dans R.

<u>Démonstration</u> . Un idéal bilatère est un A^e-sous-module de A. Le résultat suit alors de 3).

<u>Corollaire 5.3</u> . Soit A/R une algèbre d'Azumaya. Pour tout bimodule, l'application $A \otimes M^A \to M$ définie par $a \otimes m \mapsto am$, $a \in A$, $m \in M$ est un isomorphisme.

<u>Corollaire 5.4</u> . Tout endomorphisme d'une R-algèbre d'Azumaya est un automorphisme.

Démonstration . Soit $f : A \to A$ un automorphisme d'algèbres. D'après 5.2, Ker(f) est de la forme IA , $I \subset R$; f est donc injectif. D'après 5.3 $A \cong f(A) \otimes A^{f(A)}$. Pour des raisons de rang, $A^{f(A)} \cong R$.

Corollaire 5.5 . Soient A une R-algèbre et C le centre de A . Alors A/R est séparable si et seulement si A/C et C/R sont séparables.

Démonstration . D'après 2.4, il suffit de vérifier que si A/C séparable, alors A est fidèlement projective sur C ; cela suit de 1) $\Longrightarrow$ 2) dans 5.1 , car A/C est centrale séparable.

Proposition et Définition 5.6 . Deux R-algèbres d'Azumaya A_1 et A_2 sont appelées semblables, $A_1 \sim A_2$, si les propriétés équivalentes suivantes sont satisfaites:

(a) Il existe un R-module fidèlement projectif P tel que
$A_1 \otimes A_2^o \cong \mathrm{End}_R(P)$.

(b) Il existe deux R-modules fidèlement projectifs P_1 et P_2 tels que $A_1 \otimes \mathrm{End}_R(P_1) \cong A_2 \otimes \mathrm{End}_R(P_2)$.

(c) Il existe un A_2-module à gauche fidèlement projectif tel que
$A_1 \cong \mathrm{End}_{A_2}(P)$.

Démonstration . (a) $\Longrightarrow$ (b) car $A_2 \otimes A_2^o \cong \mathrm{End}_R(A_2)$.

(b) $\Longrightarrow$ (c) Puisque $A_i \otimes \mathrm{End}_R(P_i) \cong \mathrm{End}_{A_i}(A_i \otimes P_i)$ (I.4.1) , les catégories A_i-mod et $A_i \otimes \mathrm{End}_R(P_i)$ - mod sont équivalentes (I.6.1). L'isomorphisme (b) permet donc de définir une équivalence
$T : A_1$ - mod $\to A_2$ - mod . Soit $P = TA_1$. On a alors
$A_1 = \mathrm{End}_{A_1}(A_2) \cong \mathrm{End}_{A_2}(TA_1) = \mathrm{End}_{A_2}(P)$.

(c) $\Longrightarrow$ (a) On peut écrire $A_1 \otimes A_2^o \cong \mathrm{End}_{A_2}(P) \otimes A_2^o \cong \mathrm{End}_{A_2 \otimes A_2^o}(P \otimes A_2^o)$.
$P \otimes A_2^o$ étant un A_2-bimodule, on a d'après 5.3 $P \otimes A_2^o \cong A_2 \otimes Q$ où
$Q = (P \otimes A_2^o)^{A_2}$ et $A_1 \otimes A_2^o \cong \mathrm{End}_{A_2 \otimes A_2^o}(A_2 \otimes Q) \cong \mathrm{End}_R(Q)$ car $A_2 \otimes -$ est

est une équivalence de catégories R - mod $\longrightarrow A_2 \otimes A_2^o$ - mod .

Il suit de 5.6 que la relation de similitude $A_1 \sim A_2$ définit une relation d'équivalence entre algèbres d'Azumaya sur un anneau R . Le produit tensoriel de deux R-algèbres d'Azumaya est de nouveau une R-algèbre d'Azumaya d'après 1.7 . On vérifie alors facilement en utilisant 5.6 que le produit tensoriel sur R induit une multiplication commutative sur l'ensemble des classes d'équivalence de R-algèbres d'Azumaya semblables. On obtient même une structure de groupe abélien; l'élément neutre est la classe de R et l'inverse de la classe de A est la classe de A^o . On appelle ce groupe attaché à R le groupe de Brauer de R et on le note $Br(R)$. Si A est une R-algèbre d'Azumaya et S une R-algèbre commutative, $A \otimes S$ est une S-algèbre d'Azumaya (2.1) . L'application $A \longmapsto A \otimes S$ induit donc un homomorphisme de groupes $Br(R) \longrightarrow Br(S)$.

Finalement, montrons que dans l'étude d'une algèbre d'Azumaya, on peut toujours se ramener au cas noethérien.

Proposition 5.7 . Soit A une R-algèbre d'Azumaya. Il existe alors un sous-anneau R_o de R qui est noethérien (en fait de type fini sur $\mathbb{Z}$) et une R_o-algèbre d'Azumaya $A_o \subset A$ tels que $A_o \otimes_{R_o} R = A$.

Démonstration . Le résultat suit de I.2.9 et I.2.8 appliqué à l'isomorphisme $A \otimes A^o \xrightarrow{\sim} End_R(A)$.

§6 Algèbres neutralisantes

Soit A une R-algèbre d'Azumaya. Une extension $R \subset S$ est appelée R-algèbre neutralisante pour A , s'il existe un S-module fidèlement projectif P et un isomorphisme de S-algèbres

$\sigma : A \otimes S \xrightarrow{\sim} \mathrm{End}_S(P)$; autrement dit si la classe $[A]$ de A dans $Br(R)$ appartient au noyau de $Br(R) \to Br(S)$.

<u>Proposition 6.1</u> . Pour toute sous-algèbre commutative maximale S d'une R-algèbre d'Azumaya A , le produit dans A induit un isomorphisme $A \otimes S \xrightarrow{\sim} \mathrm{End}_S(A)$, où A est un S-module par la multiplication à droite. Si A est projectif sur S , S est projectif sur R ; les rangs vérifient $[A:R] = [A:S]^2$ et $[S:R] = [A:S]$. Si S/R est séparable, A est un S-module projectif.

<u>Démonstration</u> . Plongeons $1 \otimes S$ dans $\mathrm{End}_R(A)$ par l'application canonique $A \otimes A^o \to \mathrm{End}_R(A)$. Le commutant $(A \otimes A^o)^{1 \otimes S}$ de $1 \otimes S$ dans $A \otimes A^o$ est donc $\mathrm{End}_S(A)$. Notons $B = \mathrm{End}_S(A)$; on a $A = A \otimes 1 \subset A \otimes S \subset B$, d'où $B = A \otimes B^A$ d'après 5.1 . De plus $B^A \subset (A \otimes A^o)^A = 1 \otimes A^o$ et B^A commute avec $1 \otimes S$ qui est une sous-algèbre commutative maximale de $1 \otimes A^o$. Par conséquent $B^A = 1 \otimes S$ et $B = A \otimes S$.

Si A est projectif sur S , $[A:R] = [A \otimes S:S] = [\mathrm{End}_S(A):S] = [A:S]^2$; A est donc de type fini sur S et est fidèle car $R \subset S \subset A$. Il suit alors de 1.9 que S est facteur direct de A , qui est R-projectif, S est donc projectif sur R et

$[A:R] = [A \otimes S:S] = [A \otimes_S (S \otimes S):S] = [A:S][S \otimes S:S] = [A:S][S:R]$.

Si S/R est séparable, la suite $0 \to J(S) \to S^e \xrightarrow{p} S \to 0$ est scindée, donc $0 \to A \otimes_S J(S) \to A \otimes_S S \otimes S \to A \otimes_S S \to 0$ est aussi scindée et A est $A \otimes S$-projectif. Comme $A \otimes S$ est S-projectif, A est projectif sur S .

Montrons qu'une algèbre d'Azumaya sur un corps possède toujours une sous-algèbre commutative maximale qui est séparable.

Théorème 6.2 . Soit A une algèbre d'Azumaya sur un corps K . Il existe une sous-algèbre commutative maximale de A , séparable et de la forme $K[\alpha]$, $\alpha \in A$.

Démonstration . Ecrivons A sous la forme $M_r(D)$, D une K-algèbre de division centrale et démontrons tout d'abord le théorème pour D . Si K est un corps fini, $D = K$ d'après le théorème de Wedderburn on peut donc supposer que K est infini, de caractéristique positive p . Montrons que D contient une extension séparable non triviale L de K . Supposons que toute extension intermédiaire $K \subset L \subset D$ soit radicielle. En particulier $K(\alpha)$ pour tout $\alpha \in D$ est radicielle et il existe donc un entier r tel que $\alpha^{p^r} \in K$. On peut trouver un tel r qui fonctionne pour tous les $\alpha \in D$ car $[D:K] < \infty$. Soit maintenant $x_1,\dots,x_n$ une base de D sur K et posons $T = D[t_1,\dots,t_n]$, l'anneau des polynômes en n variables (qui commutent) sur D . A tout n-tuple $(c_1,\dots,c_n)$ d'éléments de K , on associe $\phi : T \to D$ par $\phi(t_i) = c_i$ $i=1,\dots,n$. Soit $w = \sum x_i t_i \in T$; on a alors $w^{p^r} = x_1 f_1(t)+\dots+x_n f_n(t)$ où les polynômes $f_i(t)$ appartiennent à $K[t]$ (t abrège $(t_1,\dots,t_n)$) . Par conséquent $\phi(w)^{p^r} = x_1 f_1(c)+\dots+x_n f_n(c)$ appartient à K pour tout $c = (c_1,\dots,c_n) \in K^n$. On peut choisir $x_1 = 1$, donc $x_2,\dots,x_n \notin K$ et $f_i(c_1,\dots,c_n) = 0$ pour tout $i > 1$. Si K est infini, il faut alors que $f_i(t) = 0$ pour $i > 1$ et par conséquent w^{p^r} appartient à $K[t]$. Soit maintenant $K \subset L$ une extension arbitraire. Pour tout n-tuple $(\alpha_1,\dots,\alpha_n)$ de L , définissons $\psi : T \to D \otimes L$ par $\psi(t_i) = 1 \otimes \alpha_i$; on a $\psi(w) = x_1 \otimes \alpha_1 + \dots + x_n \otimes \alpha_n$. Tout élément de $D \otimes L$ apparait donc comme image de w pour un certain ψ . De plus $\psi(w)^{p^r} = (x_1 \otimes \alpha_1 + \dots + x_n \otimes \alpha_n)^{p^r} \in L$ car $w^{p^r} \in K[t]$. En résumé, la p^r-ième puissance de tout élément de $D \otimes L$ appartient à L . Choississons pour L un sous-corps commutatif maximal de D .

D'après 6.1 , $D \otimes L \cong M_k(L)$; l'élément $e_{11} \in M_k(L)$ élevé à la puissance p^r n'appartient certainement pas à L ! Soit maintenant L une extension commutative séparable maximale de K dans D . Le commutant D^L est une algèbre de division qui contient L puisque L est commutatif. Si $L = D^L$, L sera évidemment une extension commutative maximale. D'après le théorème du bicommutant (IV.5.2) $L = (D^L)^L$ et par conséquent L est le centre de D^L . Si $L \neq D^L$, il existe $u \in D^L$, $u \notin L$ tel que $L(u)$ est séparable sur L . Mais alors L n'est pas maximale séparable. Choississons finalement $\beta \in L \subset D$ tel que $L = K(\beta)$. Passons maintenant au cas général, $A = M_r(D)$. Si K est fini, D = K . Toute extension algébrique de degré r de K est séparable et peut se plonger dans $M_r(K)$ par la représentation régulière. Elle est maximale dans $M_r(K)$ pour des raisons de dimension. Si K est infini, on choisit tout d'abord $\beta \in D$ tel que $K(\beta)$ soit une extension séparable maximale de D . Soit ensuite S la sous-algèbre de A formée des matrices diagonales de $M_r(D)$ à éléments dans $K(\beta)$; S est séparable, car c'est un produit fini d'extensions séparables et est maximale pour des raisons de dimension. De plus, elle est de la forme $K[\alpha]$ voulue. Il suffit de prendre pour α une matrice diagonale dont les éléments, choisis tous différents, appartiennent à $K(\beta)$ et tels que chacun d'eux engendre $K(\beta)$.

<u>Corollaire 6.3</u> . Soit A une algèbre sur un corps K . Les propriétés suivantes sont équivalentes

1) A est centrale simple et de dimension finie sur K .
2) Il existe un corps L , extension séparable finie de K tel que $A \otimes L \cong M_n(L)$.
3) $A \otimes \Omega \cong M_n(\Omega)$ si Ω est une clôture séparable de K .

Démonstration . 1) $\Longrightarrow$ 2) suit de 6.1 et 6.2 .

2) $\Longrightarrow$ 3) est évident.

3) $\Longrightarrow$ 1) car A doit être centrale et séparable d'après 2.2 (b) .

Le théorème 6.2 se généralise aux anneaux locaux. Pour cela, nous aurons besoin de la notion de hensélisation stricte d'un anneau local:

Soit R un anneau commutatif local d'idéal maximal $\underline{m}$. Un hensélisé strict $\tilde{R}$ de R a les propriétés suivantes (voir Raynaud, [R] Chap. VIII)

1) $\tilde{R}$ est une extension locale de R , d'idéal maximal $\underline{m}\tilde{R}$.

2) $\tilde{R}$ est une R-algèbre fidèlement plate.

3) $\tilde{R}$ est hensélien.

4) Le corps résiduel $\tilde{R}/\underline{m}\tilde{R}$ de $\tilde{R}$ est séparablement clos.

Rappelons qu'un anneau hensélien R a la propriété de relèvement univoque des idempotents. En particulier, si A est une R-algèbre libre de rang fini comme R-module telle que $A/mA \cong M_n(R/m)$, alors $A \cong M_n(R)$ (Bourbaki $[B]_2$ III, p. 137).

Théorème 6.4 . Soit R un anneau local. Pour toute R-algèbre d'Azumaya A , il existe une sous-algèbre commutative maximale S de A , séparable, de la forme $R[\beta]$, $\beta \in A$. De plus, A est un S-module libre et si $n^2 = [A:R]$, les éléments $1,\beta,\ldots,\beta^{n-1}$ forment une base de S sur R .

Démonstration . Soit $\underline{m}$ l'idéal maximal de R et soit $\bar{A} = A/\underline{m}A$. D'après 6.2, il existe une $\bar{R}$-sous-algèbre W de $\bar{A}$, commutative maximale et séparable, de la forme $\bar{R}[\alpha]$, $\alpha \in \bar{A}$. Soit β un relèvement de α dans A et soit S le R-sous-module de A engendré par $1,\beta,\ldots,\beta^{n-1}$. D'après le lemme de Nakayama, ces éléments forment même une base de S . Montrons que S est une sous-algèbre de A ;

pour cela, il suffit de vérifier que $\beta^n \in S$. Soit $R \subset \tilde{R}$ une hensélisation stricte de R et posons $\tilde{A} = A \otimes \tilde{R}$. Puisque $\Omega = \tilde{R}/\underline{m}\tilde{R}$ est séparablement clos, il suit de 6.3 que $\tilde{A}/\underline{m}\tilde{A} \cong M_n(\Omega)$ et par conséquent $\tilde{A} \cong M_n(\tilde{R})$, car $\tilde{R}$ est hensélien. En résumé nous avons une extension fidèlement plate $R \subset \tilde{R}$ telle que $A \otimes \tilde{R} \cong M_n(\tilde{R})$. Il suit alors de IV. 2.3 que tout élément de A vérifie son polynôme caractéristique, β en particulier, et par conséquent $\beta^n \in A$ L'algèbre S est séparable d'après 2.6 car $W = \overline{S} = S/\underline{m}S$ est séparable. Montrons, que S est maximale. Soit S' le commutant de S dans A . On a $S' = S + S' \cap \underline{m}A$ car $W = S/\underline{m}S$ est une sous-algèbre commutative maximale de $A/\underline{m}A$. Comme S-module, A est projectif; en effet A est libre sur R et S/P est séparable, d'où l'affirmation en utilisant la fin de la démonstration de 6.1 . A est même libre sur S , car S est semi-local et A est de rang constant sur S . L'algèbre $B = \mathrm{End}_S(A)$ se plonge dans $\mathrm{End}_R(A) = A \otimes A^o$. L'algèbre $S \otimes A^o$, qui est une S-algèbre d'Azumaya, se plonge de même dans $B = \mathrm{End}_S(A)$. D'après 5.3 , on a donc $B = (S \otimes A^o) \otimes_S (B)^{S \otimes A^o}$, or $(B)^{S \otimes A^o}$ s'identifie à S' , donc $B = (S \otimes A^o) \otimes_S S'$. Il suit de 1.8 que S'/S est séparable et de 1.7 que le centre de S' est S . L'idéal bilatère $S' \cap \underline{m}A$ de S' est de la forme IS' , I idéal de S , par 5.2 . Puisque $IS' \cap S = I$ et que $S' \cap \underline{m}A \cap S = \underline{m}S$, on a $I = \underline{m}S$ et $S' \cap \underline{m}A = \underline{m}S'$. On en tire que $S' = S + \underline{m}S'$, d'où $S = S'$ par Nakayama.

Remarque 6.5 . Le théorème 6.4 n'est pas vrai pour R un anneau commutatif quelconque. Nous avons vu en 4.11 que toute extension séparable et projective de type fini comme module de $\mathbf{Z}[\sqrt{2}]$ est de la forme $\mathbf{Z}[\sqrt{2}] \times \ldots \times [\sqrt{2}]$. Nous aurons donc un contre-exemple à 6.4 pour R quelconque, si nous montrons que $\mathrm{Br}(\mathbf{Z}[\sqrt{2}]) \neq 0$. On peut montrer à l'aide de la théorie du corps de classes que

$Br(\mathbb{Z}[\sqrt{2}]) = \mathbb{Z}/2\mathbb{Z}$ (voir $[Gr]_2$ p. 95). Mais il est plus simple de construire explicitement une algèbre d'Azumaya non triviale. Soit $\mathbb{H}[\sqrt{2}]$ l'algèbre des quaternions sur $\mathbb{Z}[\sqrt{2}]$, c'est-à-dire l'algèbre engendrée sur $\mathbb{Z}[\sqrt{2}]$ par $1,i,j,k$ avec la table de multiplication $i^2 = j^2 = k^2 = -1$ et $ij = -ji = k$. Soit A la $\mathbb{Z}[\sqrt{2}]$-algèbre obtenue en adjoignant à $\mathbb{H}[\sqrt{2}]$ les éléments $\alpha = \frac{1+i}{\sqrt{2}}$, $\beta = \frac{1+j}{\sqrt{2}}$ et leurs produits. On vérifie immédiatement que $\alpha^2 = i = \sqrt{2}\,\alpha - 1$, $\beta^2 = j = \sqrt{2}\,\beta - 1$ et $\alpha\beta + \beta\alpha = \sqrt{2}\,\alpha + \sqrt{2}\,\beta - 1$. Il est alors clair que A est un $\mathbb{Z}[\sqrt{2}]$-module de type fini. De plus A est centrale car l'algèbre des quaternions sur les réels est centrale. Pour montrer que A est séparable, il suffit d'après 2.6 de montrer que $\overline{A} = A/\underline{m}A$ est séparable pour tout idéal maximal $\underline{m}$ de $\mathbb{Z}[\sqrt{2}]$. L'élément $e = 1\otimes 1 - i\otimes i - j\otimes j - k\otimes k$ de $A\otimes A^o$ est tel que $(a\otimes 1)e = e(1\otimes a)$ et son image $p(e)$ par le produit $R : A\otimes A^o \to A$ est 4 . Par conséquent, pour tout $\underline{m} \neq (\sqrt{2})$, $\frac{\overline{e}}{4} \in \overline{A}^e$ vérifie 1.4.5) . Si $\underline{m} = (\sqrt{2})$, il est facile de construire explicitement un isomorphisme $A/\underline{m}A \xrightarrow{\sim} M_2(\mathbb{Z}/2\mathbb{Z})$ en posant

$$\alpha \mapsto \begin{pmatrix} 1 & 0 \\ 1 & 1 \end{pmatrix} \quad \text{et} \quad \beta \mapsto \begin{pmatrix} 1 & 1 \\ 0 & 1 \end{pmatrix} .$$

Il suffit de vérifier que $\alpha^2 = 1$, $\beta^2 = 1$ et $\alpha\beta + \beta\alpha = 1$. On sait donc que A est une algèbre d'Azumaya. Sa classe dans $Br(\mathbb{Z}[\sqrt{2}])$ est certainement non nulle, car son image dans $Br(R)$ est non nulle.

Puisqu'en général il n'existe pas d'algèbres neutralisantes qui soient séparables et projectives de type fini, on peut se demander s'il existe des algèbres neutralisantes projectives de type fini comme module. Hoobler [Ho] a démontré que c'est le cas si R est régulier japonais et $\dim R \leq 2$. On peut aussi maintenir l'hypothèse de séparabilité et remplacer fidèlement projectif par fidèlement plat. De façon plus précise, nous allons montrer que pour toute R-algèbre d'Azumaya il existe un recouvrement <u>étale</u> de R qui la neutralise. Rappelons la définition des algèbres étales.

<u>Définition</u> . Une R-algèbre S est appelée <u>étale</u> si elle est séparable, plate et de présentation finie (comme algèbre) sur R . (Voir [R] pour une étude des algèbres étales.)

<u>Exemples</u>

1) Une R-algèbre séparable et projective de type fini comme R-module est étale.
2) Un localisé R_f , $f \in R$ est étale.
3) Si S/R et T/S sont étales, T/R est étale.
4) Si S/R et T/R sont étales $S \otimes T/R$ est étale.

Nous dirons que $R \subset S$ est un <u>recouvrement étale</u> si S est étale et fidèlement plate sur R .

<u>Théorème 6.6</u> . Soit A une R-algèbre. Les propriétés suivantes sont équivalentes:

1) A est une R-algèbre d'Azumaya.
2) Pour tout $\underline{p} \in \mathrm{Spec}(R)$, A_p possède une $R_{\underline{p}}$-algèbre neutralisante séparable et libre de type fini $S(\underline{p})$. De plus $A_{\underline{p}}$ est libre de rang fini sur $S(\underline{p})$.
3) Pour tout $\underline{p} \in \mathrm{Spec}(R)$, il existe $f \in R - \underline{p}$ tel que A_f possède une R_f-algèbre neutralisante $S(f)$ séparable et libre de type fini. De plus A_f est libre de rang finie sur $S(f)$.
4) Il existe un recouvrement étale S de R qui neutralise A .
5) Il existe une R-algèbre neutralisante fidèlement plate S pour A .

<u>Démonstration</u> . 1) $\Longrightarrow$ 2) suit de 6.4 et 6.1 .

2) $\Longrightarrow$ 3) : Pour tout $\underline{p} \in \mathrm{Spec}(R)$, soit $\sigma(\underline{p}) : A \otimes S(\underline{p}) \cong M_n(S(\underline{p}))$

un isomorphisme de $S(\underline{p})$-algèbres. A l'aide d'une table de multiplication de $S(\underline{p})$, (qui est libre de rang fini sur $R_{\underline{p}}$) il est facile d'étendre cette algèbre sur un voisinage $U_g = \mathrm{Spec}(R_g)$, $g \in R - \underline{p}$ de $\underline{p}$; on choisit pour g un dénominateur commun des éléments qui apparaissent dans la table. Quitte à rapetisser un peu l'ouvert, on obtiendra encore une algèbre séparable $S(g)$. Par le même procédé, on pourra alors étendre $\sigma(\underline{p})$ sur un sous-ensemble $U_f \subset U_g$.

3) $\Longrightarrow$ 4) Il suffit de prendre un recouvrement fini de Spec(R) par des ouverts $U_{f_i} = \mathrm{Spec}(R_{f_i})$ qui vérifient c).

4) $\Longrightarrow$ 5) est trivial.

5) $\Longrightarrow$ 1) D'après I.3.6 A est de type fini sur R . Il suit alors de 2.2 que A/R est séparable et finalement de 2.1 que A est centrale.

Corollaire 6.7 . Toute R-algèbre d'Azumaya de rang constant n^2 est forme tordue d'une algèbre de matrice $M_n(R)$ pour une extension fidèlement plate $R \subset S$.

IV. AUTOMORPHISMES DES ALGEBRES D'AZUMAYA

§1 La suite exacte de Rosenberg-Zelinsky

Soient A une R-algèbre et α, β des R-automorphismes de A. Notons ${}_{\alpha}A_{\beta}$ le A-bimodule A où A agit à gauche via α et à droite via β. Notons $\mathrm{Aut}_R(A)$ le groupe des R-automorphismes d'algèbres de A et $\mathrm{Int}(A)$ le sous-groupe des automorphismes intérieurs, c'est-à-dire de la forme $\alpha(x) = uxu^{-1}$, $u \in U(A)$.

Lemme 1.1. Pour $\alpha, \beta, \gamma \in \mathrm{Aut}_R(A)$, on a des isomorphismes de A-bimodules

(a) ${}_{\alpha}A_{\beta} \cong {}_{\gamma\alpha}A_{\gamma\beta}$

(b) ${}_{1}A_{\alpha} \otimes_A {}_{1}A_{\beta} \cong {}_{1}A_{\alpha\beta}$

(c) ${}_{1}A_{\alpha} \cong {}_{1}A_{1}$ si et seulement si $\alpha \in \mathrm{Int}(A)$.

Démonstration. (a) L'isomorphisme ${}_{\alpha}A_{\beta} \to {}_{\gamma\alpha}A_{\gamma\beta}$ est donné par $x \mapsto \gamma(x)$.

(b) Utilisant (a), on a ${}_{1}A_{\alpha} \otimes_A {}_{1}A_{\beta} \cong {}_{\alpha^{-1}}A_{1} \otimes {}_{1}A_{\beta} \cong {}_{\alpha^{-1}}A_{\beta} \cong {}_{1}A_{\alpha\beta}$.

(c) Si $f : {}_{1}A_{\alpha} \to {}_{1}A_{1}$ est un isomorphisme de bimodules, alors $f(x) = x \cdot u$, où $u = f(1) \in U(A)$, comme A-automorphisme à gauche de A. De plus $f(\alpha(a)) = f(1 \cdot a) = f(1)a$, ce qui donne $\alpha(a) = uau^{-1}$. Inversément, si $\alpha(a) = uau^{-1}$, on pose $f(x) = xu$, d'où l'isomorphisme ${}_{1}A_{\alpha} \to {}_{1}A_{1}$.

Soit maintenant A une R-algèbre d'Azumaya. D'après III.5.1 la multiplication dans ${}_{1}A_{\alpha}$ définit un isomorphisme de A-bimodules ${}_{1}A_{\alpha} \xleftarrow{\sim} A \otimes ({}_{1}A_{\alpha})^A$. Notons $I_{\alpha} = ({}_{1}A_{\alpha})^A = \{x \in A \mid x\alpha(a) = ax, \forall a \in A\}$. Il suit de I.6.2 que I_{α} est fidèlement projectif et un compte des rangs montre alors que I_{α} est inversible.

Proposition 1.2 . L'application $\alpha \to I_\alpha$ induit une suite exacte de groupes

$$0 \to \mathrm{Int}(A) \to \mathrm{Aut}_R(A) \xrightarrow{\phi} \mathrm{Pic}(R)$$

et $\mathrm{Im}(\phi) = \{(I) \in \mathrm{Pic}(R) \mid A \otimes I \sim A$ comme A-module à gauche$\}$.

Démonstration . La première partie suit de 1.1 . Soient $(I) \in \mathrm{Pic}(R)$ et $f : A \otimes I \xrightarrow{\sim} A$ un isomorphisme de A-modules à gauche. Considérant toujours $A \otimes I$ comme A-module à gauche, on a via la multiplication à droite, $A \sim \mathrm{End}_A(A \otimes I, A \otimes I)^o$ (I.4.1 et I.6.4); on peut alors définir $\alpha \in \mathrm{Aut}_R(A)$ par $x\alpha(a) = f^{-1}(f(x)a)$, $x \in A \otimes I$, $a \in A$.

Corollaire 1.3 . Si R est local, tout automorphisme de A est intérieur.

Si $A = \mathrm{End}_R(P)$ où P est fidèlement projectif, il suit de la théorie de Morita que $\mathrm{Im}(\phi) = \{(I) \in \mathrm{Pic}(R) \mid P \otimes I \sim P$ comme R-modules$\}$ On a de façon plus générale:

Proposition 1.3 . Soient P et Q des R-modules fidèlement projectifs. Tout isomorphisme de R-algèbres $\alpha : \mathrm{End}_R(P) \xrightarrow{\sim} \mathrm{End}_R(Q)$ est induit par un isomorphisme $P \otimes I \xrightarrow{\sim} Q$ où I inversible est déterminé à un isomorphisme près par α .

Démonstration . Q est un $\mathrm{End}_R(P)$-module à gauche via α . Il existe donc d'après Morita un R-module I unique à un isomorphisme près tel que $P \otimes I \sim Q$ comme $\mathrm{End}_R(P)$-modules. I doit être projectif de type fini (I.6.2), donc de rang un.

Montrons maintenant qu'en général les R-automorphismes d'une R-algèbre d'Azumaya ne sont pas intérieurs.

<u>Proposition 1.4</u> . Si Pic(R) possède un élément d'ordre fini n , il existe un R-module projectif de type fini P de rang n et un automorphisme α de $\mathrm{End}_R(P)$ tels que α soit d'ordre n dans $\mathrm{Aut}_R(\mathrm{End}_R(P))/\mathrm{Int}(\mathrm{End}_R(P))$.

<u>Démonstration</u> . Soit (I) d'ordre n dans Pic(R) . On pose $P = R \oplus I \oplus \ldots \oplus \overset{n-1}{\otimes} I$, d'où un isomorphisme $f : P \otimes I \simeq P$. Si l'on identifie canoniquement $\mathrm{End}_R(P)$ et $\mathrm{End}_R(P \otimes I)$, α est donné par $\alpha(\phi) = f^{-1}\phi f$.

<u>Remarque</u> . D'après un résultat de Claborn ([Cl]), il existe pour tout $n \in \mathbb{N}$, un anneau de Dedekind R avec $\mathrm{Pic}(R) \simeq \mathbb{Z}/n\mathbb{Z}$. Dans ce cas, on peut même choisir $P = I \oplus \ldots \oplus I$ (n facteurs) et alors $\mathrm{End}_R(P)$ est l'algèbre de matrices $M_n(R)$.

Nous verrons au §3 que le comportement décrit en 1.4 est en fait caractéristique pour les algèbres d'Azumaya.

§2 Construction du polynôme caractéristique

Soient A une R-algèbre d'Azumaya, S une R-algèbre fidèlement plate qui neutralise A et $\sigma : A \otimes S \simeq \mathrm{End}_R(P)$ l'isomorphisme correspondant. Soient $R[t]$ l'anneau des polynômes en une variable t sur R et $S[t] = R[t] \otimes S$ l'extension correspondante de S . Le polynôme caractéristique $p(a,t)$ d'un élément $a \in A$ est par définition l'élément $\det_{S[t]}(\sigma(a \otimes 1_S) - t \cdot 1_S)$ de $S[t]$, où det dénote le déterminant (II.2.4).

<u>Proposition 2.1</u> . $p(a,t)$ provient d'un élément de $R[t]$ qui ne dépend pas du choix de l'algèbre neutralisante S .

Pour la démonstration de 2.1, nous aurons besoin du lemme suivant:

Lemme 2.2 . Soient P et Q deux R-modules projectifs de type fini et soit $\alpha : \mathrm{End}_R(P) \to \mathrm{End}_R(Q)$ un isomorphisme d'algèbres, Pour tout $f \in \mathrm{End}_R(P)$, on a $\det_R(f) = \det_R(\alpha f)$.

Démonstration du lemme . Comme le déterminant commute avec l'extension des scalaires, on peut supposer que R est local. Les deux anneaux d'endomorphismes s'identifient à une algèbre de matrices et α à un automorphisme de cette algèbre. Puisque R est local, α est intérieur (1.3) et le lemme est évident.

Démonstration de la proposition . Quitte à remplacer ensuite R par $R[t]$, S par $S[t]$ et a par $a - t$, on voit qu'il suffit de montrer que $\det_S(\sigma(a \otimes 1))$ provient d'un élément de R indépendant du choix de S . Soit $\rho : A \otimes T \cong \mathrm{End}_T(Q)$ une autre neutralisation fidèlement plate de A et soit α l'isomorphisme de $S \otimes T$-algèbres qui rend le diagramme

$$\begin{array}{ccc} A \otimes S \otimes T & \xrightarrow{\sigma \otimes 1} & \mathrm{End}_{S \otimes T}(P \otimes T) \\ \downarrow \tau & & \downarrow \alpha \\ S \otimes A \otimes T & \xrightarrow[1 \otimes \rho]{} & \mathrm{End}_{S \otimes T}(S \otimes Q) \end{array}$$

commutatif. Il suit du lemme 2.1 et du fait que le déterminant commute avec l'extension des scalaires que

$\det_S(\sigma(a \otimes 1_S)) \otimes 1_T = 1_S \otimes \det_T(\rho(a \otimes 1_T))$. Il suffit de poser $S = T$ dans cette égalité et d'appliquer II.2.1 pour voir que $\det_S(\sigma(a \otimes 1_S))$ appartient à R . L'égalité $\det_S(\sigma(a \otimes 1_S)) = \det_T(\rho(a \otimes 1_T))$ suit alors de la même proposition II.2.1, appliqué à

$1_S \otimes \det_S(\sigma(a \otimes 1_S)) = 1_S \otimes \det_T(\rho(a \otimes 1_T))$.

Corollaire 2.3 . (Cayley-Hamilton). Tout élément $a \in A$ annule son polynôme caractéristique.

Démonstration . Soit S une algèbre neutralisante pour A et $\sigma : A \otimes S \xrightarrow{\simeq} End_S(P)$ l'isomorphisme correspondant. Puisque l'application composée $A \to A \otimes S \xrightarrow{\simeq} End_S(P)$ est injective, il suffit de démontrer l'assertion pour $End_S(P)$. Par localisation, on se ramène au cas bien connu d'une algèbre de matrices.

Remarque . Le corollaire 2.3 ne dépend que de l'existence d'une algèbre neutralisante. Son utilisation dans la démonstration de III.6.4 est donc parfaitement justifiée.

La construction du polynôme caractéristique, donne en particulier la construction de la norme réduite Nrd(a) et de la trace réduite Trd(a) d'un élément $a \in A$. On a $Nrd(a) = \det(\sigma(a \otimes 1_S))$ et $Trd(a) = Tr((a \otimes 1_S))$. La construction habituelle de la norme et de la trace réduite d'une algèbre centrale simple de dimension finie sur un corps K se fait par descente galoisienne (voir par exemple Weil, [W] p. 168).

On vérifie immédiatement par descente les propriétés suivantes de la norme et de la trace réduite.

1) $Nrd(a \cdot b) = Nrd(a) \cdot Nrd(b)$, $a,b \in A$ et $Nrd(r) = r^n$ si $r \in R$

2) $Trd(a+b) = Trd(a) + Trd(b)$, $Trd(\lambda a) = \lambda Trd(a)$, $a,b \in A$, $\lambda \in R$
   $Trd(ab) = Trd(ba)$

§3 Automorphismes

Théorème 3.1 . Pour tout R-automorphisme α d'une R-algèbre d'Azumaya A de rang constant n^2 sur R , α^n est intérieur.

Démonstration . Pour tout $\underline{p} \in \mathrm{Spec}(R)$, $\alpha_{\underline{p}} = \alpha \otimes 1_{R_{\underline{p}}}$ est intérieur (1.3), car $R_{\underline{p}}$ est local; on peut donc écrire $\alpha_{\underline{p}}(x) = a(\underline{p})xa(\underline{p})^{-1}$, $x \in A_{\underline{p}}$ et $a(\underline{p}) \in U(A_{\underline{p}})$. En procédant comme dans la démonstration du théorème III.6.6 , on peut trouver $f \in R - \underline{p}$ et $a(f) \in U(A_f)$ tel que $\alpha \otimes 1_{R_f}$ soit la conjugaison par $a(f)$. Choisissons un recouvrement fini $S = \prod R_{f_i}$ pour de tels f_i . Par construction, α induit un automorphisme α_S intérieur, $\alpha_S(x) = axa^{-1}$ avec $a = (a(f_1),\ldots,a(f_k)) \in A_S$. Notons $\mathrm{Nrd}(a)$ la norme réduite de a ; c'est une unité de S . L'élément $a^n \cdot \mathrm{Nrd}(a)^{-1}$ induit évidemment α_S^n . Le théorème sera démontré si nous prouvons que $a^n \cdot \mathrm{Nrd}(a)^{-1}$ provient déjà d'une unité de A . Pour cela, il suffit d'après II.2.1, de montrer que les deux images de $a^n \cdot \mathrm{Nrd}(a)^{-1}$ par ε_1 et ε_2 dans $A_{S \otimes S}$ coincident. Les éléments $\varepsilon_1(a)$ et $\varepsilon_2(a)$ induisent tous deux $\alpha_{S \otimes S}$; par conséquent le quotient $\varepsilon_1(a) \cdot \varepsilon_2(a)^{-1}$ appartient au centre de $A_{S \otimes S}$ et ainsi $\varepsilon_1(a)$ et $\varepsilon_2(a)$ ne diffèrent que d'une unité u de $S \otimes S$, $\varepsilon_1(a) = u \cdot \varepsilon_2(a)$. Mais alors $(\varepsilon_1(a))^n = u^n(\varepsilon_2(a))^n$ et $\mathrm{Nrd}(\varepsilon_1(a)) = \mathrm{Nrd}(u\varepsilon_2(a)) = u^n\mathrm{Nrd}(\varepsilon_2(a))$. D'où le résultat, car la norme, étant un déterminant, commute avec l'extension des scalaires.

Corollaire 3.2 . Soit A une R-algèbre d'Azumaya. Le groupe $\mathrm{Out}_R(A) = \mathrm{Aut}_R(A)/\mathrm{Int}(A)$ est abélien de n-torsion.

Remarque . Le théorème 3.1 est aussi valable pour un ordre maximal Λ dans une algèbre centrale simple de dimension finie sur le corps de fractions d'un anneau de Krull. Voir Knus et Ojanguren $[KO]_2$.

§4 Le "switch" et la trace réduite

Soit A une R-algèbre d'Azumaya. Nous voulons montrer que le "switch" $\tau : A\otimes A \to A\otimes A$ donné par $\tau(a\otimes b) = b\otimes a$ est toujours intérieur. Pour cela nous utiliserons la trace réduite $\mathrm{Trd} : A \to R$. Quitte à plonger R dans A, on peut considérer Trd comme un élément de $\mathrm{End}_R(A)$. Il suit alors de III.5.1 (2) qu'il existe un élément unique $\sum x_i \otimes y_i$ de $A\otimes A$ tel que $\mathrm{Trd}(a) = \sum_i x_i a y_i$ pour tout $a \in A$.

Proposition 4.1. Soit $t = \sum x_i \otimes y_i$ l'élément de $A\otimes A$ tel que $\mathrm{Trd}(a) = \sum_i x_i a y_i$. Alors $t^2 = 1$, donc en particulier t est une unité, et $\tau(x) = txt^{-1}$ c'est-à-dire que le "switch" est un automorphisme intérieur.

Démonstration. Vérifions tout d'abord que pour tout $a,b \in A$, $(\sum_i x_i \otimes y_i)(a\otimes b) = (b\otimes a)\sum x_i \otimes y_i$. L'élément $(\sum x_i \otimes y_i)(a\otimes b)$ définit l'homomorphisme $x \mapsto \sum x_i a x y_i b = \mathrm{Tr}(ax)b$ de A et $(b\otimes a)\sum x_i \otimes y_i$ définit $x \mapsto \sum b x_i x a y_i = b\mathrm{Tr}(xa)$. Mais puisque $\mathrm{Tr}(ax) = \mathrm{Tr}(xa)$ et que $\mathrm{Tr}(ax) \in R = \mathrm{centre}(A)$ cette première assertion est vérifiée. Il reste à vérifier que $t^2 = 1$. En itérant, on voit immédiatement que t^2 appartient au centre de A, donc à R. Quitte à décomposer R en un produit fini (voir I.6.3), on peut supposer A de rang constant n^2. Soit alors T une extension fidèlement plate telle que $A\otimes T \cong M_n(T)$. Par descente fidèlement plate des éléments, il suffit de vérifier que $t^2 \otimes 1_T = 1_T$. Mais $t\otimes 1_T$ est alors donné par $\sum_{i,j} e_{ji} \otimes e_{ij}$ comme on le vérifie facilement et on a bien $(\sum e_{ji} \otimes e_{ij})^2 = \sum_i e_{ii} = 1$.

Remarque 4.2. Ce résultat, qui nous a été communiqué par A. Fröhlich, est dû à O. Goldman.

§5 Le théorème de Skolem-Noether

Il suit de 1.3 que tout automorphisme d'une algèbre centrale simple de dimension finie sur un corps est intérieur. C'est aussi un cas particulier du théorème de Skolem-Noether: (Bourbaki $[B]_1$, Chap. VIII).

Théorème 5.1 . Soient A une algèbre centrale simple de dimension finie sur un corps K , B une algèbre simple de dimension finie sur K . Si f et g sont deux isomorphismes de K-algèbres de B sur des sous-algèbres de A , il existe un automorphisme intérieur θ de A tel que $g = \theta \circ f$.

Une conséquence de 5.1 est qu'un isomorphisme de sous-algèbres simples $B \cong C$ de A , s'étend à un automorphisme de A . Ce résultat n'est plus vrai en général pour une algèbre d'Azumaya A , même si B et C sont également des algèbres d'Azumaya. Cette dernière question est liée au problème de la cancellation: si A , B et C sont des algèbres d'Azumaya, quand $A \otimes B \cong A \otimes C$ entraîne $B \sim C$? Ces problèmes ont été étudiés dans des cas particuliers par Roy et Sridharan [RS], Childs et DeMeyer [CD] et de façon plus générale par Knus [K] et Ojanguren et Sridharan [OS]. Voir aussi [Ra]. Remarquons que le problème de l'extension des dérivations est beaucoup plus simple, voir Barr et Knus [BK].

Nous ne démontrerons pas le théorème de Skolem-Noether. Bornons nous à en tirer un corollaire.

Corollaire 5.2 . Soient A une algèbre centrale simple de dimension finie sur un corps K et B une sous-algèbre simple de A . Alors $(B^A)^A = B$.

Démonstration . On peut plonger B dans $A \otimes \mathrm{End}_K(B) = C$ de deux façon différentes: une fois comme sous-algèbre de A et une fois par la représentation régulière $B \to \mathrm{End}_K(B)$. Il suit alors de 5.1 que les deux images de B dans C notées B_1 et B_2 sont conjugées. On vérifie alors facilement que cette conjugaison induit un isomorphisme $B_1^C \simeq B_2^C$. Mais on a $B_1^C \sim B^A \otimes \mathrm{End}_K(B)$ et $B_2^C \sim A \otimes B^o$. Pour les mêmes raisons $(B_1^C)^C \simeq (B_2^C)^C$, d'où $(B^A)^A \otimes K \simeq K \otimes B$. Il en suit que $(B^A)^A$ et B ont les mêmes dimensions, d'où le résultat puisque $B \subset (B^A)^A$.

§6 La torsion du groupe de Brauer

Il est bien connu que le groupe de Brauer d'un corps K est de torsion. On montre en effet que pour toute algèbre centrale simple A de dimension n^2 sur K , la classe $[A]$ de A dans $Br(K)$ est annulée par n . Grothendieck a généralisé ce résultat au groupe de Brauer d'un schéma (voir $[Gr]_2$, p. 51-52 et $[Gi]_2$, p. 343). La démonstration de Grothendieck, ainsi que la démonstration classique sont de nature cohomologique. Dans ce paragraphe, nous donnerons une démonstration de ce résultat pour un anneau. Cette démonstration, qui se réduit à un exercice de descente fidèlement plate, donne explicitement un isomorphisme $A \otimes \ldots \otimes A \sim \mathrm{End}_R(Q)$.

Théorème 6.1 . Pour toute R-algèbre d'Azumaya A de rang constant n^2 sur R , on a $[A]^n = 1$ où $[A]$ dénote la classe de A dans le groupe de Brauer $Br(R)$ de R .

Corollaire 6.2 . Pour tout anneau R , $Br(R)$ est de torsion.

Démonstration . Il suffit de décomposer A en un produit d'algèbres de rang constant (I.6.3).

Démonstration du théorème 6.1 . D'après III.6.7, il existe une R-algèbre fidèlement plate S et un isomorphisme de S-algèbres $\sigma : A\otimes S \xrightarrow{\sim} M_n(S)$. Définissons ϕ par la commutativité du diagramme

$$\begin{array}{ccc} S\otimes A\otimes S & \xrightarrow{1\otimes\sigma} & M_n(S\otimes S) \\ {\scriptstyle \tau\otimes 1}\downarrow & & \downarrow{\scriptstyle \phi} \\ A\otimes S\otimes S & \xrightarrow[\sigma\otimes 1]{} & M_n(S\otimes S) \end{array}$$

où τ est le "switch": $\tau(s\otimes a) = a\otimes s$. ϕ est évidemment un automorphisme de $S\otimes S$-algèbres.

a) Cas facile (ϕ est intérieur)

Si ϕ est intérieur, c'est-à-dire de la forme $\phi(x) = fxf^{-1}$ avec $f\in U(M_n(S\otimes S))$, on peut reprendre l'idée de la démonstration de 3.1 . Par construction, ϕ est une donnée de descente (l'algèbre "descendue" étant A), on a donc $\phi_2 = \phi_3\phi_1$. Puisque f_i induit ϕ_i par conjugaison $(i=1,2,3)$, l'automorphisme $f_2^{-1}f_3f_1$ appartient au centre de $M_n(S\otimes S\otimes S)$ et on peut écrire $uf_2 = f_3f_1$ où $u\in U(S\otimes S\otimes S)$. Pour tout module M , notons $M^{(n)}$ le produit tensoriel de n copies de M . Soient P le S-module S^n et $\det(f)$ le déterminant de $f\in U(M_n(S\otimes S))$. L'application $h = \det(f)^{-1}f^{(n)} : S\otimes P^{(n)} \to P^{(n)}\otimes S$ induit $\phi^{(n)}$. Puisque le déterminant commute avec l'extension des scalaires, on a $h_i = \det(f_i)^{-1}f_i^{(n)}$. Il suit alors de $(uf_2)^{(n)} = u^nf_2^{(n)}$ et de $\det(uf_2) = u^n\det(f_2)$ que $h_2 = h_3h_1$. D'après le théorème de descente fidèlement plate II.2.5, il existe un R-module fidèlement projectif Q et un S-isomorphisme $\eta : S\ \ Q \to P^{(n)}$ tel que le diagramme

$$\begin{array}{ccc}
S \otimes Q \otimes S & \xrightarrow{1 \otimes \eta} & S \otimes P^{(n)} \\
{\scriptstyle \tau \otimes 1}\downarrow & & \downarrow{\scriptstyle h} \\
Q \otimes S \otimes S & \xrightarrow[\eta \otimes 1]{} & P^{(n)} \otimes S
\end{array}$$

commute. Le diagramme

$$\begin{array}{ccc}
S \otimes \mathrm{End}_R(Q) \otimes S & \xrightarrow{1 \otimes \rho} & S \otimes \mathrm{End}_S(P^{(n)}) \\
{\scriptstyle \tau \otimes 1}\downarrow & & \downarrow{\scriptstyle \phi^{(n)}} \\
\mathrm{End}_R(Q) \otimes S \otimes S & \xrightarrow[\rho \otimes 1]{} & \mathrm{End}_S(P^{(n)}) \otimes S
\end{array}$$

où ρ est induit par η , commute donc aussi. L'unicité de la descente appliquée aux paires $(A^{(n)}, \sigma^{(n)})$ et $(\mathrm{End}_R(Q), \rho)$ entraîne que $A^{(n)} \xrightarrow{\sim} \mathrm{End}_R(Q)$.

<u>Remarque 6.3</u> . Si l'on choisit pour Q le module $\{x \in P^{(n)} \mid h(1 \otimes x) = x \otimes 1\}$, alors la restriction de $\sigma^{(n)}$ à $A^{(n)}$ donne l'isomorphisme $A^{(n)} \xrightarrow{\sim} \mathrm{End}_R(Q)$.

<u>Remarque 6.4</u> . Si A est une algèbre d'Azumaya sur un corps K , c'est-à-dire une algèbre centrale simple de dimension finie sur K (III. §5), on peut prendre pour S n'importe quel sous-anneau commutatif maximal de A (III.6.1). Puisque S est de dimension finie sur K , $S \otimes S$ est semilocal, $\mathrm{Pic}(S \otimes S) = 0$ et ϕ est intérieur.

b) <u>Cas général</u> (ϕ pas nécessairement intérieur)

Nous conservons les notations de a). D'après 1.3 , ϕ est induit par un isomorphisme de $S \otimes S$-modules $f : (S \otimes P^{(n)}) \otimes_{S \otimes S} I \to P^{(n)} \otimes S$ où $(I) \in \mathrm{Pic}(S \otimes S)$. D'après III. 5.7 , on peut supposer que R est noethérien. Il suit de III. 6.6 4) qu'on peut choisir S de type fini (comme algèbre) sur R . L'anneau $S \otimes S$ est alors aussi noethérien et I s'identifie à un idéal de $S\otimes S$ (I.6.6). Si l'on note $r = n^n$, on a ainsi obtenu un monomorphisme (encore noté) $f : (S\otimes S)^r \to (S\otimes S)^r$ tel que $\phi(x)f = fx$ pour tout x de $M_r(S\otimes S)$. Le théorème est alors une conséquence du lemme suivant:

Lemme 6.5 . Soient T un anneau commutatif et $\Phi : M_n(T) \to M_n(T)$ un automorphisme de T-algèbres.

(1) Si $f \in M_n(T)$ est un monomorphisme tel que $\Phi(x)f = fx$ pour tout $x \in M_n(T)$, alors $\Phi^{(n)}$ est donné par la conjugaison par un élément $h \in M_r(T)$, $r = n^n$, tel que $\det(f)\cdot h = f^{(n)}$.

(2) Si $f,g \in M_n(T)$ sont des monomorphismes tels que $\Phi(x)f = fx$, $\Phi(x)g = gx$ pour tout $x \in M_n(T)$, alors il existe des éléments $a,b \in T$ non-diviseurs de zéro tels que $af = bg$.

En effet, si $\phi(x)f = fx$ pour tout $x \in M_n(S\otimes S)$, on a $\phi_i(x)f_i = f_ix$ $(i=1,2,3)$ pour tout $x \in M_n(S\otimes S\otimes S)$. Il suit alors de $\phi_2 = \phi_3\phi_1$ que $\phi_2(x)f_3 = \phi_3(\phi_1(x)f_3 = f_3\phi_1(x)$, donc que $\phi_2(x)f_3f_1 = f_3\phi_1(x)f_1 = f_3f_1x$. Comme, d'autre part, $\phi_2(x)f_2 = f_2x$, il existe d'après le lemme a et b dans $S\otimes S\otimes S$ non diviseurs de zéro tels que $af_2 = bf_3f_1$. Mais alors $a^nf_2^{(n)} = b^nf_3^{(n)}f_1^{(n)}$ et $a^n\det(f_2) = b^n\det(f_3f_1)$ et encore $a^nb^nf_2^{(n)}\det(f_3f_1) = a^nb^nf_3^{(n)}f_1^{(n)}\det(f_2)$. Soit maintenant $h \in M_r(S\otimes S)$ l'élément tel que $\det(f)\cdot h = f^{(n)}$ donné par le lemme. Par extension des scalaires, $\det(f_i)\cdot h_i = f_i^{(n)}$ $(i=1,2,3)$. On obtient alors $h_2\det(f_1f_2f_3) = h_3h_1\det(f_1f_2f_3)$ en utilisant que a et b ne divisent pas zéro. Mais $\det(f_i)$ $(i=1,2,3)$ ne divise pas zéro, car f_i est un monomorphisme (Bourbaki $[B]_1$ A III p. 91), d'où $h_2 = h_3h_1$ et on conclut comme dans le cas facile.

Démonstration du lemme

(1) Pour tout $\underline{p} \in \mathrm{Spec}(T)$, soit $g(\underline{p}) : T^n_{\underline{p}} \to T^n_{\underline{p}}$ un automorphisme qui induit $\phi_{\underline{p}}$, c'est-à-dire tel que $\phi_{\underline{p}}(x) = g(\underline{p})xg(\underline{p})^{-1}$, $x \in M_n(T_{\underline{p}})$. On a alors $\phi_{\underline{p}}(x)f_{\underline{p}}g(\underline{p})^{-1} = f_{\underline{p}}xg(\underline{p})^{-1} = f_{\underline{p}}g(\underline{p})^{-1}\phi_{\underline{p}}(x)$, donc $f_{\underline{p}}g(\underline{p})^{-1}$ appartient au centre de $M_n(T_{\underline{p}})$ et l'on peut écrire $f_{\underline{p}} = t(\underline{p})g(\underline{p})$, $t(\underline{p}) \in T_{\underline{p}}$. Soit $r = n^n$. Puisque $g(\underline{p})$ est un isomorphisme, on a $(f^{(n)}T^r)_{\underline{p}} = f^{(n)}_{\underline{p}}T^r_{\underline{p}} = t(\underline{p})^n g(\underline{p})^{(n)}T^r_{\underline{p}} = t(\underline{p})^n T^r_{\underline{p}}$. De même, puisque $\det(g(\underline{p}))$ est une unité de $T_{\underline{p}}$, on a $(\det(f)\cdot T^r)_{\underline{p}} = \det(f_{\underline{p}})T^r_{\underline{p}} = t(\underline{p})^n \det(g(\underline{p}))T^r_p = t(p)^r T^r_{\underline{p}}$. Puisque c'est vrai pour tout $\underline{p} \in \mathrm{Spec}(T)$, il suit de I.3.4 (b) que $f^{(n)}T^r = \det(f)T^r$. Comme $\det(f)$ ne divise pas zéro, on peut définir $h : T^r \to T^r$ par $f^{(n)} = \det(f)\cdot h$. Cet h est injectif car $f^{(n)}$ est injectif. Pour tout $x \in T^r$, $\det(f)\cdot x \subset \det(f)\cdot T^r = f^{(n)}T^r$, il existe donc $y \in T^r$ tel que $f^{(n)}(y) = \det(f)\cdot x = \det(f)\cdot h(y)$. On voit ainsi que h est aussi surjectif. Il reste à montrer que h induit $\phi^{(n)}$. En fait, de $\det(f)\phi^{(n)}(x)h = \phi^{(n)}(x)\det(f)h = \phi^{(n)}(x)f^{(n)} = f^{(n)}x$, on déduit que $\phi^{(n)}(x)h = hx$ pour tout x de $M_r(T)$.

(2) Soient $\overline{f},\overline{g} : T^n \to T^n$ tels que $f\overline{f} = \overline{f}f = \det(f)\cdot 1$ et $g\overline{g} = \overline{g}g = \det(g)\cdot 1$. On a $\overline{f}\phi(x) = x\overline{f}$ et $\overline{g}\phi(x) = x\overline{g}$ car $\det(f)$ et $\det(g)$ ne divisent pas zéro $[B]_1$ A III p. 91. Il en suit que $\overline{g}fx = \overline{g}\phi(x)f = x\overline{g}f$ pour tout $x \in M_n(T)$, et $\overline{g}f \in T$. Puisque $g(\overline{g}f) = \det(g)\cdot f$, on peut poser $a = \det(g)$ et $b = \overline{g}f$.

Remarque 6.6 . Nous verrons plus tard (V.2.10) qu'il existe toujours une neutralisation S de A telle que ϕ soit intérieur. Il suffit donc de démontrer le cas facile. Mais comme l'existence d'un tel S repose sur un théorème profond de M. Artin (V.2.3), nous avons cru utile de donner une démonstration élémentaire complète de 6.1.

V. LA COHOMOLOGIE D'AMITSUR

§1 Définitions et exemples

Soit $\varepsilon_o : R \to S$ une R-algèbre commutative et soit F un foncteur covariant de la catégorie des R-algèbres commutatives dans la catégorie des groupes abéliens. Pour tout entier positif n, notons $S^{(n)}$ le produit tensoriel $S \otimes \ldots \otimes S$ sur R de n copies de S et pour tout indice i, $1 \leqslant i \leqslant n+1$, notons $\varepsilon_i : S^{(n+1)} \to S^{(n+2)}$ le morphisme de R-algèbres défini par $\varepsilon_i(s_1 \otimes \ldots \otimes s_{n+1}) = s_1 \otimes \ldots \otimes s_{i-1} \otimes 1 \otimes s_i \otimes \ldots \otimes s_{n+1}$. Considérons la suite

$$0 \xrightarrow{\Delta_{-1}} F(S) \xrightarrow{\Delta_0} F(S^{(2)}) \xrightarrow{\Delta_1} \ldots \to F(S^{(n)}) \xrightarrow{\Delta_{n-1}} F(S^{(n+1)}) \to \ldots$$

où pour $n \geqslant 0$, Δ_n est la somme alternée des $F(\varepsilon_i)$, c'est-à-dire que $\Delta_n = F(\varepsilon_1) - F(\varepsilon_2) + \ldots (-1)^{n+1}F(\varepsilon_{n+1})$. Un calcul facile montre que la suite ainsi définie est un complexe, c'est-à-dire que $\Delta_{n+1}\Delta_n = 0$ pour tout $n \geqslant -1$. Ce complexe est appelé le <u>complexe d'Amitsur</u> et est noté $\mathcal{C}(S/R,F)$. Les groupes de cohomologie de $\mathcal{C}(S/R,F)$ forment la <u>cohomologie d'Amitsur de F par rapport à S/R</u>. Le n-ième groupe de cohomologie d'Amitsur sera donc

$$H^n(S/R,F) \simeq \mathrm{Ker}\Delta_n/\mathrm{Im}\Delta_{n-1} \quad .$$

<u>Exemple 1.1</u>. Soit G_a le foncteur "groupe additif", qui associe à toute R-algèbre son groupe additif, c'est-à-dire le foncteur qui oublie la structure multiplicative. Il suit de II.2.1 que si S/R est fidèlement plate $H^n(S/R,G_a) = 0$ pour $n \geqslant 1$ et $H^o(S/R,G_a) \simeq R$.

<u>Exemple 1.2</u>. Soient $X = \mathrm{Spec}(R)$ et O_X le faisceau structural de X (voir I. §5). Le foncteur F définit un préfaisceau $\mathcal{F}$ sur X

si l'on pose $\mathcal{F}(U) = F(\Gamma(U,O_X))$ pour tout ouvert U de $\mathrm{Spec}(R)$, $\Gamma(U,O_X)$ étant la R-algèbre des sections $U \to O_X$. Soit $S = \prod_{i \in I} R_{f_i}$ un recouvrement de Zariski de R, c'est-à-dire que les ouverts $U_i = \mathrm{Spec}(R_{f_i})$ recouvrent X. Les groupes $H^n(S/R,\mathcal{F})$ sont alors les <u>groupes de cohomologie de Čech</u> à valeurs dans $\mathcal{F}$ pour le recouvrement $\{U_i\}_{i \in I}$.

<u>Remarque 1.3</u>. Il n'est pas nécessaire que F soit défini sur toute la catégorie des R-algèbres commutatives pour définir $H^n(S/R,\mathcal{F})$. Il suffit que le foncteur soit défini sur une sous-catégorie contenant les $S^{(n)}$ et les ε_i.

<u>Remarque 1.4</u>. On peut définir $H^n(S/R,F)$ pour $n = 0,1$ également lorsque F prend ses valeurs dans la catégorie des groupes. Un exemple est donné par la théorie des formes tordues (voir II. §8).

<u>Exemple 1.5</u>. <u>La cohomologie galoisienne</u>

Rappelons rapidement comment on peut définir la cohomologie des groupes. Soient G un groupe et M un $\mathbb{Z}G$-module. Soient $K^o(G,M) = M$ et $K^n(G,M)$ pour $n \geq 1$ le groupe abélien des applications d'ensembles $G^n \to M$, G^n étant le produit cartésien de n copies de G. On définit les cobords $\partial_n : K^n(G,M) \to K^{n+1}(G,M)$ par la formule $(\partial_n f)(\sigma_1,\ldots,\sigma_{n+1}) = \sigma_1 f(\sigma_2,\ldots,\sigma_{n+1}) - f(\sigma_1\sigma_2,\sigma_3,\ldots,\sigma_{n+1})$ $+ f(\sigma_1,\sigma_2\sigma_3,\sigma_4,\ldots,\sigma_n) - \ldots + (-1)^{n+1} f(\sigma_1,\ldots,\sigma_n)$ si $n \geq 1$ et par $(\partial_o(m))(\sigma) = \sigma m$. Un calcul facile montre que $\partial_{n+1}\partial_n = 0$ pour tout $n \geq 0$. La suite

$$0 \to K^o(G,M) \xrightarrow{\partial_o} K^1(G,M) \xrightarrow{\partial_1} \ldots$$

est donc un complexe, qu'on note $K(G,M)$ et les groupes d'homologie de ce complexe $H^n(G,M) = \mathrm{Ker}\partial_n/\mathrm{Im}\partial_{n-1}$ sont les <u>groupes de cohomologie de G à coefficients dans M</u>. Pour plus de détails et surtout pour des calculs explicites on pourra consulter Cartan-Eilenberg, [CE], ou d'autres livres d'algèbre homologique.

Si F est un foncteur covariant de la catégorie des R-algèbres dans la catégorie des groupes abéliens et si $R \subset S$ est une extension galoisienne de groupe G, on peut définir sur $F(S)$ une structure de G-module. On pose $\sigma(x) = F(\sigma)(x)$ pour tout $x \in F(S)$ et $\sigma \in G$. Les groupes $H^n(G,F(S))$ sont alors bien définis et sont liés aux groupes $H^n(S/R,F)$ par la proposition suivante.

<u>Proposition 1.6</u> . Soient $R \subset S$ une extension galoisienne de groupe G et F un foncteur covariant de la catégorie des R-algèbres dans la catégorie des groupes abéliens qui commute avec les produits finis. Il existe alors un isomorphisme naturel (c'est-à-dire compatible avec les transformations naturelles de F) de $H^n(S/R,F)$ sur $H^n(G,F(S))$.

<u>Démonstration</u> . On va construire un isomorphisme de complexes $\mathcal{C}(S/R,F) \xrightarrow{\sim} K(G,F(S))$. D'après II.5.6 l'application $\phi_1 : S \otimes S \to K^1(G,S)$ définie par $\phi_1(s \otimes t)(\sigma) = s\sigma(t)$ est un isomorphisme d'algèbres. Démontrons par induction sur n que $\phi_n : S^{(n+1)} \to K^n(G,S)$ défini par $\phi_n(s_1 \otimes \ldots \otimes s_{n+1})(\sigma_1,\ldots,\sigma_n) = s_1\sigma_1(s_2)\ldots\sigma_n(s_{n+1})$ est un isomorphisme d'algèbres pour tout n . On a la suite d'isomorphismes

$$S^{(n+1)} \to S \otimes S^{(n)} \xrightarrow{1 \otimes \phi_{n-1}} S \otimes K^{n-1}(G,S) \to K^{n-1}(G,S \otimes S) \to K^{n-1}(G,K^1(G,S))$$

et on vérifie que la composition est bien ϕ_n . On en déduit que $F(\phi_n) : F(S^{(n+1)}) \to F(K^n(G,S))$ est un isomorphisme de groupes abéliens. Mais puisque $K^n(G,S)$ s'identifie canoniquement au produit $\prod_{G^n} S$ et que F commute avec les produits finis, $F(K^n(G,S))$ s'identifie canoniquement à $K^n(G,F(S))$. Si on note ϕ_o l'application identique $S \to K^o(G,S)$, on a pour tout $n \geq 0$ un isomorphisme de $F(S^{(n+1)})$ sur $K^n(G,F(S))$. Il reste à montrer que les $F(\phi_n)$ définissent un morphisme de complexes, c'est-à-dire que les diagrammes

$$\begin{array}{ccc} F(S^{(n+1)}) & \xrightarrow{\Delta_n} & F(S^{(n+2)}) \\ {\scriptstyle F(\phi_n)}\downarrow & & \downarrow{\scriptstyle F(\phi_{n+1})} \\ K^n(G,F(S)) & \xrightarrow[\partial_n]{} & K^{n+1}(G,F(S)) \end{array}$$

commutent. Or, puisque $K^{n+1}(G,F(S)) = \prod_{G\times\ldots\times G} F(S)$, pour démontrer que deux applications dans $K^{n+1}(G,F(S))$ coïncident, il suffit de démontrer que leurs composés avec les projections $\prod_{\sigma_1,\ldots,\sigma_{n+1}}$ de $\prod_{G^{n+1}} F(S)$ sur le facteur d'indice $\sigma_1,\ldots,\sigma_{n+1}$ coïncident. Il suffit donc de vérifier que pour tout $(\sigma_1,\ldots,\sigma_{n+1}) \in G^{n+1}$ on a $\prod_{\sigma_1,\ldots,\sigma_{n+1}} \partial_n F(\phi_n) = \prod_{\sigma_1,\ldots,\sigma_{n+1}} F(\phi_{n+1})\Delta_n$, ou encore en explicitant les définitions de ∂_n et Δ_n , que

$$\prod_{\sigma_2,\ldots,\sigma_{n+1}} F(\sigma_1\phi_n) = \prod_{\sigma_1,\ldots,\sigma_{n+1}} F(\phi_{n+1}\varepsilon_o)$$

et pour $i > 1$,

$$\prod_{\sigma_1,\ldots,\sigma_{i-1}\sigma_i,\sigma_{n+1}} F(\phi_n) = \prod_{\sigma_1,\ldots,\sigma_{n+1}} F(\phi_{n+1}\varepsilon_i) \quad .$$

Puisque par hypothèse, F commute avec les projections, il suffit de vérifier que $\prod_{\sigma_2,\ldots,\sigma_{n+1}} (\sigma_1\phi_n) = \prod_{\sigma_1,\ldots,\sigma_{n+1}} (\phi_{n+1}\varepsilon_o)$ et que, pour $i > 1$, $\prod_{\sigma_1,\ldots,\sigma_{i-1}\sigma,\sigma_{n+1}} (\phi_n) = \prod_{\sigma_1,\ldots,\sigma_{n+1}} (\phi_{n+1}\varepsilon_i)$, ce qui est facile.

Tout homomorphisme $f : S \to T$ de R-algèbres définit un homomorphisme $f^{(n)} : S^{(n)} \to T^{(n)}$ qui induit un homomorphisme $f_* : \mathcal{C}(S/R,F) \to \mathcal{C}(T/R,F)$ des complexes d'Amitsur.

La proposition suivante, due à Amitsur, nous sera utile pour "passer à la limite" dans les groupes $H^2(S/R,F)$.

Proposition 1.7 . Soit F un foncteur covariant de la catégorie des R-algèbres commutatives dans la catégorie des groupes abéliens et soient $f,g : S \to T$ deux homomorphismes de R-algèbres. Alors les deux applications induites sur les complexes d'Amitsur $f_*,g_* : \mathcal{C}(S/R,F) \to \mathcal{C}(T/R,F)$ sont homotopes.

Corollaire 1.8 . Les applications induites sur les groupes de cohomologie $H^n(S/R,F) \to H^n(T/R,F)$ coïncident.

Démonstration . Rappelons qu'une homotopie entre g_* et f_* est un système d'applications $\theta^{(n)} : \mathcal{C}^n(S/R,F) \to \mathcal{C}^n(T/R,F)$ telles que

$$(*) \qquad \Delta_{n-1}\theta^{(n)} + \theta^{(n+1)}\Delta_n = g_*^{(n)} - f_*^{(n)}$$

$f_*^{(n)}$ et $g_*^{(n)}$ étant les homomorphismes induits par f et g sur $F(S^{(n+1)})$.

Pour tout entier n fixé et $0 \leq i \leq n-1$, soit $\theta_i^{(n)} : S^{(n+1)} \to T^{(n)}$ l'homomorphisme de R-algèbres défini par

$$\theta_i^{(n)}(s_o \otimes \ldots \otimes s_n) = f(s_o) \otimes \ldots \otimes f(s_i)g(s_{i+1}) \otimes \ldots \otimes g(s_n) .$$

L'homotopie cherchée est alors $\theta^{(n)} = \sum_{i=0}^{n-1} (-1)^i F(\theta_i^{(n)})$. Avant de vérifier la relation (*) d'homotopie, notons encore $\sigma_i : S^{(n+1)} \to T^{(n+1)}$ les applications données par
$\sigma_i(s_o \otimes \ldots \otimes s_{i-1} \otimes s_i \otimes \ldots \otimes s_n) = f(s_o) \otimes \ldots \otimes f(s_{i-1}) \otimes g(s_i) \otimes \ldots \otimes g(s_n)$
On vérifie alors les relations

$$\begin{aligned} \theta_j^{(n)}\varepsilon_i &= \varepsilon_{i-1}\theta_j^{(n-1)} && \text{pour} \quad j \leq i-2 \\ &= \sigma_i && \text{pour} \quad j = i-1 \text{ et } j = i \\ &= \varepsilon_i\theta_{j-1}^{(n-1)} && \text{pour} \quad j \geq i+1 \end{aligned}$$

Considérons le deuxième terme $\theta^{(n-1)}\Delta_n$ de la somme de gauche dans (*) :

$$\theta^{(n+1)}\Delta_n = \sum_{\substack{0\leq i\leq n+1\\ 0\leq j\leq n}} (-1)^{i+j}F(\theta_j\varepsilon_i) = \sum_{0\leq j\leq i-2} (-1)^{i+j}F(\varepsilon_{i-1}\theta_j)$$

$$+ \underbrace{\sum_{j=i-1} (-1)^{i+j}\sigma_i + \sum_{j=i} (-1)^{i+j}\sigma_i}_{} + \sum_{j\geq i+1} (-1)^{i+j}F(\varepsilon_i\theta_{j-1}) .$$

$$= -\sigma_1-\sigma_2-\ldots-\sigma_{n+1}+\sigma_o+\sigma_1+\ldots+\sigma_n$$

$$= \sigma_o - \sigma_{n+1} = g_*^{(n)} - f_*^{(n)}$$

On a donc

$$\theta^{(n+1)}\Delta_n + f_*^{(n)} - g_*^{(n)} = \sum_{\substack{0\leq j\leq i-2\\ 2\leq i\leq n+1}} (-1)^{i+j}F(\varepsilon_i\theta_{j-1}) =$$

$$+ \sum_{\substack{i+1\leq j\leq n\\ 0\leq i\leq n-1}} (-1)^{i+j}F(\varepsilon_i\theta_{j-1}) =$$

$$= - \sum_{\substack{0\leq j\leq (i-1)-1\\ 1\leq i-1\leq n}} (-1)^{i-1+j}F(\varepsilon_{i-1}\theta_j) - \sum_{\substack{i\leq j-1\leq n-1\\ 0\leq i\leq n-1}} (-1)^{i+j-1}F(\varepsilon_i\theta_{j-1}) =$$

$$= - \sum_{\substack{1\leq i\leq n-1\\ 0\leq j\leq n-1}} (-1)^{i+j}F(\varepsilon_i\theta_j) - \sum_{0\leq j\leq n-1} (-1)^{n+j}F(\varepsilon_n\theta_j)$$

$$- \sum_{0\leq j\leq n-1} (-1)^{j}F(\varepsilon_o\theta_i) = -\Delta_{n-1}\theta^{(n)} .$$

Nous pouvons maintenant définir des groupes de cohomologie limites". Soit Ω_{fp} l'ensemble des classes d'isomorphie des R-algèbres commutatives fidèlement plates. Introduisons sur Ω_{fp} la relation d'ordre: $cl(S) \leq cl(T)$ s'il existe un homomorphisme de R-algèbres $S \to T$. Avec cette relation, Ω_{fp} est filtrant à droite car on peut toujours appliquer S et T dans $S \otimes T$. D'après le corollaire 1.8, $H^n(S/R,F)$ ne dépend que de la classe $cl(S)$ de S dans Ω_{fp} et à toute relation $cl(S) \leq cl(T)$ correspond un homomorphisme bien déterminé $\phi_{T,S} : H^n(S/R,F) \to H^n(T/R,F)$. Les relations $\phi_{S,S}$ = Identité et $\phi_{W,T} \cdot \phi_{T,S} = \phi_{W,S}$ pour $cl(S) \leq cl(T) \leq cl(W)$ sont immédiates et on peut définir

$$H^n(R,F) = \varinjlim_{\Omega_{fp}} H^n(S/R,F) .$$

§2 Interprétation de $H^i(S/R,U)$ pour $i=0,1,2$

Notons U le foncteur "unités", c'est-à-dire le foncteur qui associe à chaque R-algèbre commutative T le groupe $U(T)$ de ses unités.

Proposition 2.1 . Soit S une R-algèbre fidèlement plate. On a

(1) $H^o(S/R,U) = U(R)$.

(2) $H^1(S/R,U) = \mathrm{Ker}(\mathrm{Pic}(R) \to \mathrm{Pic}(S)) = \mathrm{Pic}(S/R)$.

(3) Si $\mathrm{Pic}(S) = \mathrm{Pic}(S \otimes S) = 0$, on a un monomorphisme naturel $\theta : \mathrm{Br}(S/R) \to H^2(S/R,U)$, où $\mathrm{Br}(S/R) = \mathrm{Ker}(\mathrm{Br}(R) \to \mathrm{Br}(S))$.

(4) Si, de plus, S est fidèlement projectif, θ est un isomorphisme.

Démonstration .

(1) suit du théorème de descente fidèlement plate des éléments II.2.1.

(2) a été démontré en II.8.6 .

(3) Soit A une R-algèbre d'Azumaya et soit $\sigma : A \otimes S \xrightarrow{\sim} \mathrm{End}_S(P)$

un isomorphisme de S-algèbres. Définissons
$\phi : \mathrm{End}_{S \otimes S}(S \otimes P) \xrightarrow{\sim} \mathrm{End}_{S \otimes S}(P \otimes S)$ par la commutativité du diagramme

$$(*) \qquad \begin{array}{ccc} S \otimes A \otimes S & \xrightarrow{1 \otimes \sigma} & \mathrm{End}_{S \otimes S}(S \otimes P) \\ {\scriptstyle \tau \otimes 1}\downarrow & & \downarrow{\scriptstyle \phi} \\ A \otimes S \otimes S & \xrightarrow[\sigma \otimes 1]{} & \mathrm{End}_{S \otimes S}(P \otimes S) \end{array}$$

Il est clair que $\phi_2 = \phi_3 \phi_1$, donc que ϕ est une donnée de descente qui définit évidemment A . D'après IV.1.3, ϕ est induit par un $S \otimes S$-isomorphisme $S \otimes P \to (P \otimes S) \otimes_{S \otimes S} I$ où $(I) \in \mathrm{Pic}(S \otimes S)$. Par hypothèse $\mathrm{Pic}(S \otimes S) = 0$ et ϕ est donc induit par un isomorphisme $f : S \otimes P \to P \otimes S$. La relation $\phi_2 = \phi_3 \phi_1$ entraîne que $f_2^{-1} f_3 f_1$ est la multiplication par une unité qu'on notera $u(\sigma, f)$ de $S \otimes S \otimes S$. A l'aide des relations $(f_i)_j = (f_{j-1})_i$ pour $i < j$ et $(f_i)_i = (f_i)_{i+1}$ on vérifie que $\Delta_3(u(\sigma,f)) = 1$, c'est-à-dire que $u(\sigma,f)$ est un 2-cocycle. La classe de $u(\sigma,f)$ est indépendante du choix de σ . En effet, soit $\sigma' : A \otimes S \to \mathrm{End}_S(P')$ deuxième isomorphisme. Puisque $\mathrm{Pic}(S) = 0$, il suit de IV.1.3 que $\sigma' \sigma^{-1}$ est induit par un S-isomorphisme $g : P \to P'$. $\phi' : \mathrm{End}_{S \otimes S}(S \otimes P') \to \mathrm{End}_{S \otimes S}(P' \otimes S)$ est induit par $f' = g_2^{-1} f g_1$ et un petit calcul montre que $u(\sigma,f) = u(\sigma',f')$. Il est alors clair que la classe de $u(\sigma,f)$ ne dépend que de la classe de A dans $\mathrm{Br}(R)$; en effet, si on a $\sigma : A \otimes S \xrightarrow{\sim} \mathrm{End}_S(P)$, on peut choisir $\sigma \otimes 1$ pour neutraliser $A \otimes \mathrm{End}_R(Q)$ et on trouve $u(\sigma,f) = u(\sigma \otimes 1, f \otimes 1)$. Si A , respectivement B sont neutralisées par σ , respectivement τ , on a $u(\sigma \otimes \tau) = u(\sigma) u(\tau)$. Par conséquent, la correspondance $[A] \mapsto u(\sigma)$ induit un homomorphisme de groupes $\theta : \mathrm{Br}(S/R) \to H^2(S/R, U)$. Il reste à montrer que θ est injectif. Soit $u(\sigma,f) = \Delta_2 v$ avec $v \in U(S \otimes S)$. Si on pose $g = f v^{-1}$, on trouve que $g_2^{-1} g_3 g_1 = 1$. Par conséquent g est une donnée de descente pour P . Il suit alors comme dans la fin de la démonstration de IV.6.1 , (cas facile) que $A \xrightarrow{\sim} \mathrm{End}_R(Q)$ où $Q = \{x \in P \mid g(1 \otimes x) = x \otimes 1\}$.

(4) Il suffit de montrer que si S est un R-module projectif de type fini, $\theta : Br(S/R) \to H^2(S/R,U)$ défini en (3) est surjectif. Soit $u = \sum a_i \otimes b_i \otimes c_i \in U(S \otimes S \otimes S)$ un représentant d'une classe $v \in H^2(S/R,U)$ et soit $P = S \otimes S$ le S-module fidèlement projectif obtenu par action sur le premier facteur. Définissons un $S \otimes S$-isomorphisme $f : S \otimes P \to P \otimes S$ par $f(x \otimes y \otimes z) = \sum a_i x \otimes c_i z \otimes b_i y$. On vérifie alors facilement que $f_2^{-1} f_3 f_1 : S \otimes S \otimes P \to S \otimes S \otimes P$ est la multiplication par $u_1 u_2^{-1} u_3 = u_4$ qui appartient au centre de $\mathrm{End}_{S \otimes S \otimes S}(S \otimes S \otimes P)$, puisque $P = S \otimes S$ est un S-module via le premier facteur. C'est en fait u comme élément de $U(S \otimes S \otimes S)$. La conjugaison $\phi : \mathrm{End}_{S \otimes S}(S \otimes P) \to \mathrm{End}_{S \otimes S}(P \otimes S)$ est donc une donnée de descente pour $\mathrm{End}_S(P)$. Elle définit donc une R-algèbre $A(u)$ telle que $A(u) \otimes S \simeq \mathrm{End}_S(P)$. Il suit alors de III.6.6 que $A(u)$ est une R-algèbre d'Azumaya et par construction $\theta(A(u))$ est la classe de u dans $H^2(S/R,U)$.

<u>Remarque 1</u> . La construction de $A(u)$ décrite ci-dessus se trouve déjà dans Rosenberg-Zelinsky $[RZ]_1$, p. 336. Il est intéressant de constater que la méthode de ces auteurs, qui parait dans leur article une construction ad hoc, est en fait la descente fidèlement plate.

<u>Remarque 2</u> . Le résultat 2.1(4) s'obtient également comme cas particulier de la suite de Chase-Rosenberg ([CHR] p. 76, Cor. 7.7).

<u>Exemple 2.2</u> . Nous allons calculer le groupe de Picard et le groupe de Brauer du cercle réel. On a donc pour R l'anneau $\mathbb{R}[X,Y]/(X^2+Y^2-1) = \mathbb{R}[x,y]$. Soit $S = \mathbb{C} \otimes_{\mathbb{R}} R$. On vérifie immédiatement que, puisque 2 est inversible dans R , S est une extension

galoisienne de R, de groupe de Galois G le groupe à deux éléments qui agit par conjugaison. (Voir aussi II.5.10). L'isomorphisme $\mathbb{C}[t,t^{-1}] \xrightarrow{\sim} S$ qui envoie t sur $x+iy$ nous apprend deux choses: que S est factoriel (même principal!) et que $U(S)$ est le produit direct de $U(\mathbb{C}) = \mathbb{C}^*$ et du groupe cyclique infini T engendré par t. On voit tout de suite que l'action de G est la conjugaison sur $\mathbb{C}^*$ et l'action $t \to t^{-1}$ sur T (c'est-à-dire la seule action non triviale sur T!). D'après 2.1 (2), $H^1(S/R,U) = \mathrm{Ker}(\mathrm{Pic}(R) \to \mathrm{Pic}(S))$. Mais puisque S est principal $\mathrm{Pic}(S) = 0$ et $\mathrm{Pic}(R) = H^1(S/R,U)$. Puisque $R \subset S$ est une extension galoisienne, il suit de 1.6 que $\mathrm{Pic}(R) \simeq H^1(G,U(S)) \simeq H^1(G,\mathbb{C}^*) \times H^1(G,T)$. D'après le théorème 90 de Hilbert (II.92), $H^1(G,\mathbb{C}^*) = 0$ et $H^1(G,T) \simeq \mathbb{Z}/2\mathbb{Z}$ (Cartan-Eilenberg [CE], Chap. XII). On a donc $\mathrm{Pic}(R) \simeq \mathbb{Z}/2\mathbb{Z}$. Pour le calcul de $\mathrm{Br}(R)$, remarquons tout d'abord que $\mathrm{Pic}(S) = \mathrm{Pic}(S \otimes S) = 0$, car $S \simeq \mathbb{C}[t,t^{-1}]$ est principal (factoriel suffit!) et $S \otimes_{\mathbb{R}} S \simeq (\mathbb{C} \otimes_{\mathbb{R}} R) \otimes (\mathbb{C} \otimes_{\mathbb{R}} R) \simeq \mathbb{C} \otimes_{\mathbb{R}} \mathbb{C} \otimes_{\mathbb{R}} R \simeq S \oplus S$ car on sait que $\mathbb{C} \otimes_{\mathbb{R}} \mathbb{C} \simeq \mathbb{C} \oplus \mathbb{C}$ comme $\mathbb{R}$-algèbres. On a donc d'après 2.1 (3), $\mathrm{Ker}(\mathrm{Br}(R) \to \mathrm{Br}(S)) = \mathrm{Br}(S/R) \simeq H^2(S/R,U)$. Or $\mathrm{Br}(S) \simeq \mathrm{Br}(\mathbb{C}[t,t^{-1}]) \to \mathrm{Br}(\mathbb{C}(t))$ est injectif car S est régulier (voir [AG]) et $\mathrm{Br}(\mathbb{C}(t)) = 0$ d'après le théorème de Tsen $[S]_2$. On a donc $\mathrm{Br}(R) \simeq H^2(S/R,U) \simeq H^2(G,U(S)) \simeq H^2(G,\mathbb{C}^*) \times H^2(G,T)$. Le deuxième facteur est nul (Cartan-Eilenberg [CE], Chap. XII). Pour le premier facteur, on a $H^2(G,\mathbb{C}^*) \simeq H^2(\mathbb{C}/\mathbb{R},U) \simeq \mathrm{Br}(\mathbb{C}/\mathbb{R}) \simeq \mathbb{Z}/2\mathbb{Z}$ car $\mathrm{Br}(\mathbb{C}) = 0$ et $\mathrm{Br}(\mathbb{R}) \simeq \mathbb{Z}/2\mathbb{Z}$ d'après le théorème de Frobenius. On trouve donc que $\mathrm{Br}(\mathbb{R}) \simeq \mathbb{Z}/2\mathbb{Z}$.

Même lorsque $\mathrm{Pic}(S \otimes S)$ et $\mathrm{Pic}(S)$ ne sont pas nuls, il est possible de plonger $\mathrm{Br}(S/R)$ dans un $H^2(T/R,U)$ pour une R-algèbre fidèlement plate T assez grande. Le passage à la limite dans $H^2(R,U)$ donne alors un monomorphisme $\mathrm{Br}(R) \to H^2(R,U)$. Pour la démonstration, nous nous servirons du résultat suivant dû à M. Artin $[Ar]_2$.

Théorème 2.3 (Artin) . Soient R un anneau noethérien, $R \to S$ une R-algèbre étale fidèlement plate, $S^{(n)} = S \otimes_R \dots \otimes_R S$ (n facteurs) et $S^{(n)} \to T$ une $S^{(n)}$-algèbre étale fidèlement plate. Il existe alors une S-algèbre étale fidèlement plate $S \to S'$ telle que l'application canonique $S^{(n)} \to S'^{(n)}$ se factorise à travers T :

$$S^{(n)} \to T \to S'^{(n)} .$$

Démonstration . C'est un cas particulier du théorème 4.1 de $[Ar]_2$.

Soit A une R-algèbre d'Azumaya et soit $\sigma : A \otimes S \xrightarrow{\sim} \mathrm{End}_S(P)$ une "neutralisation" de A , S étant fidèlement plate sur R . Nous dirons que S est une bonne neutralisation pour A si l'isomorphisme $\phi : \mathrm{End}_{S \otimes S}(S \otimes P) \to \mathrm{End}_{S \otimes S}(P \otimes S)$ défini par la commutativité du diagramme

$$\begin{array}{ccc} S \otimes A \otimes S & \xrightarrow{1 \otimes \sigma} & \mathrm{End}_{S \otimes S}(S \otimes P) \\ {\scriptstyle \tau \otimes 1}\downarrow & & \downarrow{\scriptstyle \phi} \\ A \otimes S \otimes S & \xrightarrow[\sigma \otimes 1]{} & \mathrm{End}_{S \otimes S}(P \otimes S) \end{array}$$

est intérieur, c'est-à-dire induit par un $S \otimes S$-isomorphisme de modules $f : S \otimes P \to P \otimes S$. On notera (S,P,σ,ϕ,f) la donnée d'une telle bonne neutralisation. Si ϕ n'est pas nécessairement intérieur, on notera simplement (S,P,σ,ϕ) ou (S,P,σ) .

Proposition 2.4 . Toute R-algèbre d'Azumaya A possède une bonne neutralisation (S,P,σ,ϕ,f) . Si f est une donnée de descente, c'est-à-dire si $f_2 = f_3 f_1$, on a $[A] = 1$ dans $\mathrm{Br}(R)$. Inversément, si $[A] = 1$ dans $\mathrm{Br}(R)$ et si (S,P,σ,ϕ) est une neutralisation pour A , il existe une bonne neutralisation (S',P',σ',ϕ',g) avec S' fidèlement plate sur S et P',σ',ϕ' induits de P,σ,ϕ par extension des scalaires, telle que $g : S' \otimes P' \to P' \otimes S'$ soit une donnée de descente.

<u>Démonstration</u> . D'après III.5.7, on peut supposer que R est noethérien. D'après III.6.6, il existe un recouvrement étale S qui neutralise A . Soit (S,P,σ,ϕ) cette neutralisation. On sait que ϕ est induit par un isomorphisme $f : S \otimes P \to (P \otimes S) \otimes_{S \otimes S} I$ où $(I) \in \mathrm{Pic}(S \otimes S)$. (IV.1.3). Soit T une $S \otimes S$-algèbre étale fidèlement plate telle que $I \otimes_{S \otimes S} T \sim T$. Puisque I est localement libre de rang constant, on peut choisir pour T un recouvrement de Zariski de $S \otimes S$. (I.5.2). Soit S' la S-algèbre fournie par le théorème d'Artin. Puisque $I \otimes_{S \otimes S} (S' \otimes S') \sim S' \otimes S'$, on obtient une bonne neutralisation par extension des scalaires. Supposons maintenant que (S,P,σ,ϕ,f) soit une bonne neutralisation avec f une donnée de descente. Il existe alors un R-module fidèlement projectif Q et un isomorphisme $\eta : Q \otimes S \xrightarrow{\sim} P$ tel que le diagramme

$$\begin{array}{ccc} Q \otimes S \otimes S & \xrightarrow{\eta \otimes 1} & P \otimes S \\ \downarrow{\scriptstyle \tau} & & \downarrow{\scriptstyle f} \\ S \otimes Q \otimes S & \xrightarrow[1 \otimes \eta]{} & S \otimes P \end{array}$$

commute. Il s'en suit que le diagramme correspondant

$$\begin{array}{ccc} \mathrm{End}_R(Q) \otimes S \otimes S & \xrightarrow{\rho \otimes 1} & \mathrm{End}_{S \otimes S}(P \otimes S) \\ \downarrow{\scriptstyle \tau} & & \downarrow{\scriptstyle \phi} \\ S \otimes \mathrm{End}_K(Q) \otimes S & \xrightarrow[1 \otimes \rho]{} & \mathrm{End}_{S \otimes S}(S \otimes P) \end{array}$$

où ρ est la conjugaison par η , commute aussi. L'unicité de la descente appliquée aux paires (A,σ) et $(\mathrm{End}_R(Q),\rho)$ entraîne que $A \xrightarrow{\sim} \mathrm{End}_R(Q)$.

Soit maintenant $A = \mathrm{End}_R(Q)$ et (S,P,σ,ϕ) une algèbre neutralisante quelconque pour A. Comme dans la première partie de la démonstration, on construit une extension fidèlement plate S' de S telle que $\sigma' = \sigma \otimes_S 1_{S'} : \mathrm{End}_R(Q) \otimes S' \to \mathrm{End}_{S'}(P \otimes_S S')$ soit induit par un S'-isomorphisme $h : Q \otimes S' \to P' = P \otimes_S S'$. Définissons $f : S' \otimes P' \to P' \otimes S'$ par la condition que le diagramme

$$\begin{array}{ccc} Q \otimes S' \otimes S' & \xrightarrow{h \otimes 1} & P' \otimes S' \\ \tau \downarrow & & \downarrow f \\ S' \otimes Q \otimes S' & \xrightarrow[1 \otimes h]{} & S' \otimes P' \end{array}$$

commute. On a évidemment $f_2 = f_3 f_1$ et f induit $\phi' = \phi \otimes_S 1_{S'}$.

Soit A une R-algèbre d'Azumaya et soit (S,P,σ,ϕ,f) une bonne neutralisation de A. On a vu (2.1, Dém. de (3)) que $u(\sigma,f) = f_2^{-1} f_3 f_1$ est un 2-cocycle de $\mathcal{C}(S/R,U)$. La classe de $u(\sigma,f)$ dans $H^2(S/R,U)$ ne dépend pas de l'isomorphisme f qui induit ϕ, car si g induit ϕ, on a $g = vf$ pour un $v \in U(S \otimes S)$ et par conséquent $u(\sigma,g) = u(\sigma,f)\Delta_2(v)$. Notons $\theta(\sigma)$ l'image de $u(\sigma,f)$ dans $H^2(R,U) = \varinjlim H^2(S/R,U)$, la limite étant prise sur les R-algèbres fidèlement plates. On va montrer que $A \mapsto \theta(\sigma)$ induit un monomorphisme $\mathrm{Br}(R) \to H^2(R,U)$.

<u>Lemme 2.5</u>. Si $[A] = 1$ dans $\mathrm{Br}(R)$, alors $\theta(\sigma) = 1$.

<u>Démonstration</u>. Il est clair que si S' est une extension fidèlement plate de S et si $\sigma' = \sigma \otimes_S 1_{S'}$, on a $\theta(\sigma) = \theta(\sigma')$. Si $[A] = 1$, il existe d'après 2.4 une extension S' de S telle que $\phi' = \phi \otimes_S 1_{S'}$ soit induit par une donnée de descente g. Mais alors $u(\sigma',g) = 1$ et $\theta(\sigma) = \theta(\sigma') = 1$.

Lemme 2.6 . Soit (S,P,σ,ϕ,f) une bonne neutralisation pour A et soit $P^* = \mathrm{Hom}_S(P,S)$ le dual de P . Notons α^* le dual de tout homomorphisme α de modules. Si $\sigma^o : A^o \otimes S \to \mathrm{End}_S(P^*)$ est défini par $\sigma^o(x) = (\sigma(x))^*$, alors $(S,P^*,\sigma^o,\phi^o,f^{*-1})$ est une bonne neutralisation pour A^o et $\theta(\sigma^o) = \theta(\sigma)^{-1}$.

Démonstration . On vérifie facilement que si f induit ϕ , alors $(f^*)^{-1} : S \otimes P^* \to P^* \otimes S$ induit ϕ^o . On trouve $u(\sigma^o,f^{*-1}) = u(\sigma,f)^-$ d'où le résultat.

Lemme 2.7 . Soient (S,P,σ,ϕ,f) et (T,Q,τ,ψ,g) des bonnes neutralisations pour A, respectivement B . Alors $(S \otimes T, P \otimes Q, \sigma \otimes \tau, \phi \otimes \psi, f \otimes g)$ est une bonne neutralisation pour $A \otimes B$ et $\theta(\sigma \otimes \tau) = \theta(\sigma)\theta(\tau)$.

Démonstration . On a évidemment
$u(\sigma \otimes \tau, f \otimes g) = u(\sigma,f) \otimes u(\tau,g) = u(\sigma \otimes 1_T, f \otimes 1_T)u(1_S \otimes \tau, 1_S \otimes g)$. Il en suit que $\theta(\sigma \otimes \tau) = \theta(\sigma \otimes 1_T)\theta(1_S \otimes \tau) = \theta(\sigma)\theta(\tau)$.

Lemme 2.8 . Pour toute R-algèbre d'Azumaya A , $\theta(\sigma)$ est indépendant du choix de la bonne neutralisation.

Démonstration . Soient (S,P,σ) et (T,Q,τ) deux bonnes neutralisations de A . D'après 2.8 et 2.7 , $\theta(\sigma \otimes \tau^o) = \theta(\sigma)\theta(\tau)^{-1}$ et d'après 2.6 $\theta(\sigma \otimes \tau^o) = 1$ car $[A \otimes A^o] = 1$.

Théorème 2.9 . La correspondance $A \mapsto \theta(\sigma)$ induit un monomorphisme naturel $\theta : \mathrm{Br}(R) \to H^2(R,U)$.

Démonstration . 2.7, 2.8 et 2.5 montrent que θ est bien définie et qu'elle est un homomorphisme de groupes. Il reste à démontrer qu'elle est injective. Si $\theta(\sigma) = 1$, il existe une extension fidèlement plate S' de S telle que $u(\sigma \otimes_S 1_{S'}, f \otimes_S 1_{S'}) = \Delta_2(v)$ pour

$v \in U(S' \otimes S')$. On vérifie immédiatement que $f \otimes_S 1_{S'} v^{-1}$ satisfait à la condition de descente et il suit alors de 2.4 que $[A] = 1$.

Remarque 2.10 . Le théorème d'Artin permet de limiter au cas facile la démonstration du théorème sur la torsion du groupe de Brauer (IV.6.1). En effet, il suffit de prendre une bonne neutralisation S pour A .

§3 Sur la p-torsion du groupe de Brauer

Dans tout ce paragraphe, R désignera un anneau commutatif de caractéristique p .

Théorème 3.1 . Soit K une R-algèbre fidèlement plate telle que $K^{p^m} \subset R$ pour un entier m . Si $[A \otimes K] = 1$ dans $Br(K)$, alors $[A]^{p^m} = 1$ dans $Br(R)$.

Démonstration . Si $[A \otimes K] = 1$, il existe un K-isomorphisme $\sigma : A \otimes K \xrightarrow{\sim} End_K(P)$, P fidèlement projectif sur K . L'isomorphisme ϕ défini par

$$\begin{array}{ccc} A \otimes K \otimes K & \xrightarrow{\sigma \otimes 1} & End_{K \otimes K}(P \otimes K) \\ \tau \big\downarrow & & \big\downarrow \phi \\ K \otimes A \otimes K & \xrightarrow[1 \otimes \sigma]{} & End_{K \otimes K}(K \otimes P) \end{array}$$

est induit par un isomorphisme $f : K \otimes P \to (P \otimes K) \otimes_{K \otimes K} I$, $I \in Pic(K \otimes K)$. On voit, en tensorisant tout le diagramme par la $K \otimes K$-algèbre $K \otimes K \xrightarrow{m} K$, $m(a \otimes b) = ab$, que $\phi \otimes_{K \otimes K} 1_K$ est l'identité. Il en suit que $I \in Pic(K \otimes K/K) = Ker(Pic(K \otimes K) \to Pic(K))$. Mais comme le noyau de m est nilpotent, m induit un monomorphisme sur Pic et $(I) = 1$ dans $Pic(K \otimes K)$. Par conséquent ϕ est

induit par un isomorphisme que nous noterons encore $f : K \otimes P \to P \otimes K$.
En tensorisant p^m fois sur $K \otimes K$ le diagramme ci-dessus, on obtient
un diagramme

$$
\begin{array}{ccc}
A^{(p^m)} \otimes K \otimes K & \xrightarrow{\ \sigma^{(p^m)} \otimes 1\ } & \mathrm{End}_{K \otimes K}(P^{(p^m)} \otimes K) \\[2ex]
\tau \uparrow & & \uparrow \phi^{(p^m)} \\[2ex]
K \otimes A^{(p^m)} \otimes K & \xrightarrow[\ 1 \otimes \sigma^{(p^m)}\ ]{} & \mathrm{End}_{K \otimes K}(K \otimes P^{(p^m)})
\end{array}
$$

où $\phi^{(p^m)}$ est induit par $f^{(p^m)}$. Comme $f_2^{-1} f_3 f_1 \subset U(K \otimes K \otimes K)$,
$f_2^{(p^m)-1} f_3^{(p^m)} f_1^{(p^m)} = u^{p^m} \in R^*$. Mais $\phi^{(p^m)}$ est aussi induit par
$g = u^{-p^m} f$. On a alors $g_2 = g_3 g_1$. D'où le résultat par 2.4 .

Supposons maintenant que R soit intègre, de corps de fractions Q .
Notons R^{1/p^m} le sous-anneau de Q^{1/p^m} formé des racines p^m-ièmes
des éléments de R .

<u>Lemme 3.2</u> . Pour toute R-algèbre étale, l'application
$\pi : S \otimes R^{1/p^m} \to S$ définie par $\pi(a \otimes b) = a^{p^m} b^{p^m}$ est un isomorphisme
d'anneaux.

<u>Démonstration</u> . Si $T \subset S$ est l'image de π , on a $S^{p^m} \subset T \subset S$, donc
le noyau de la multiplication $S \otimes_T S \to S$ est nilpotent. On sait
d'autre part que S/T est séparable car S/R est séparable et
$R \subset T \subset S$ (III.2.4). Le module S est donc $S \otimes_T S$-projectif et le
noyau de la multiplication, qui est nilpotent, est engendré par un
idempotent. Il est donc nul et $S \otimes_T S \sim S$. De plus tout élément de
S ayant sa puissance p^m-ième dans T , S est entier sur T . S
étant comme algèbre de type fini sur T (puisque sur R), est donc un
T-module de type fini. Nous aurons prouvé que π est surjectif si
nous montrons que $T = S$. Il suffit de montrer que pour tout idéal

maximal de $T, T/\underline{m} \to S/\underline{m}S$ est surjectif (I.3.5). Mais cela est clair, car de $S/\underline{m}S \otimes_{T/\underline{m}} S/\underline{m}S \sim S/\underline{m}S$, il suit que $[S/\underline{m}S : T/\underline{m}] \leq 1$. Pour démontrer que π est injectif, il suffit de vérifier que $S \otimes R^{1/p^m}$ ne contient pas d'éléments p-nilpotents. Mais $S \otimes R^{1/p^m}$ est une R^{1/p^m}-algèbre étale et on sait qu'une algèbre étale sur un anneau réduit, est aussi un anneau réduit (Raynaud, [R] VII, 2, Prop. 1).

<u>Lemme 3.3</u>. Soit S une R-algèbre étale et soient $f,g : M \to N$ deux isomorphismes de $S \otimes R^{1/p^m}$-modules projectifs de type fini tels que $f^{(p^m)} = g^{(p^m)}$. Alors $f = g$.

<u>Démonstration</u>. Par localisation, on peut supposer que M et N sont libres de type fini. Un calcul explicite montre alors que $f = e \cdot g$, avec $e \in S \otimes R^{1/p^m}$ tel que $e^{p^m} = 1$. Il suit alors de 3.2 que $e = 1$.

<u>Théorème 3.4</u>. Si $[A]^{p^m} = 1$ dans $Br(R)$, alors $[A \otimes R^{1/p^m}] = 1$ dans $Br(R^{1/p^m})$.

<u>Démonstration</u>. Soit (S,P,σ,ϕ,f) une bonne neutralisation pour A (2.4) avec S étale. Quitte à remplacer S par une extension étale, on peut supposer toujours d'après 2.4 que $\phi^{(p^m)}$ est induit par un isomorphisme de descente $g : S \otimes P^{(p^m)} \to P^{(p^m)} \otimes S$, car $[A^{p^m}] = 1$. On peut écrire $g = uf^{(p^m)}$ avec $u \in U(S \otimes S)$. D'après 6.2, il existe $v \in S \otimes S \otimes R^{1/p^m}$ tel que $v^{p^m} = u$. L'isomorphisme $h = vf : S \otimes R^{1/p^m} \otimes P \to P \otimes S \otimes R^{1/p^m}$ induit $\phi \otimes 1_{R^{1/p^m}}$ et $h^{(p^m)} = g$ est une donnée de descente. Il suit de 3.3 appliqué à h_2 et $h_3 h_1$ que h est une donnée de descente. Le résultat suit alors de 2.4.

§4 La longue suite exacte de Rosenberg-Zelinsky

Soient F une K-algèbre et K une R-algèbre, toutes commutatives. L'application $x \mapsto 1 \otimes x$ de $F^{(n+1)}$ dans $K \otimes F^{(n+1)}$ induit un homomorphisme $\rho_n : H^n(F/R,U) \to H^n(K \otimes F/K,U)$. Sous certaines hypothèses, il est possible d'insérer ces applications dans une longue suite exacte. Pour simplifier les notations, nous noterons simplement $H^n(S/T,U) = H^n(S/T)$ dans tout ce paragraphe.

Proposition 4.1 . Si F est fidèlement plate sur R et si le noyau de la multiplication $K^{(n)} \to K$ est nilpotent pour tout n , il existe alors une longue suite exacte

$$\ldots \xrightarrow{\rho_{p-1}} H^{p-1}(K \otimes F/K) \to H^p(K/R) \to H^p(F/R) \xrightarrow{\rho_p} H^p(K \otimes F/K) \to \ldots$$

La démonstration utilise la technique des suites spectrales pour un double complexe. Mais avant de passer à cette démonstration, établissons le résultat suivant:

Proposition 4.2 . Soit $\phi : K \to K'$ un homomorphisme surjectif de R-algèbres commutatives. Supposons que le noyau N de ϕ soit nilpotent. Alors ϕ induit un isomorphisme $H^p(K/R) \xrightarrow{\simeq} H^p(K'/R)$ pour tout $p \geq 0$ dans les cas suivants:

1) K' est fidèlement plate sur R .

2) K est fidèlement plate sur R et $N = KN_o$ avec $N_o \subset R$.

Démonstration . Notons $\mathcal{C}(K/R,G_a) = \mathcal{C}^+(K/R)$ et $\mathcal{C}(K/R,U) = \mathcal{C}(K/R)$ où G_a est le foncteur "groupe additif" et U le foncteur "unités". L'homomorphisme ϕ induit des homomorphismes de complexes $\mathcal{C}^+(K/R) \to \mathcal{C}^+(K'/R)$ et $\mathcal{C}(K/R) \to \mathcal{C}(K'/R)$. Notons $\mathcal{C}^+(N)$, respectivement $\mathcal{C}(N)$ leurs noyaux. Le p-ième terme N_p de $\mathcal{C}^+(N)$ est l'image dans $K^{(p+1)}$ de

$N \otimes K \otimes \ldots \otimes K + K \otimes N \otimes K \otimes \ldots \otimes K + \ldots + K \otimes \ldots \otimes K \otimes N$. Il en suit facilement que $\mathcal{C}^+(N)$ est un sous-complexe de $\mathcal{C}^+(K/R)$. Notons N_p^i l'idéal de $K^{(p+1)}$ engendré par les produits de i éléments de N_p . On obtient ainsi pour tout i positif, un sous-complexe de $\mathcal{C}^+(K/R)$; notons-le $\mathcal{C}^+(N)^i$. Complétons en posant $\mathcal{C}^+(N)^0 = \mathcal{C}^+(K/R)$. Puisque N est nilpotent, la chaîne de complexes

$$\mathcal{C}^+(K/R) = \mathcal{C}^+(N)^0 \supset \mathcal{C}^+(N) \supset \mathcal{C}^+(N)^2 \supset \ldots$$

est finie en chaque degré.

Lemme 4.3 . Dans les deux cas de 4.2 le complexe $\mathcal{C}^+(N)^i$ est acyclique pour tout $i \geqslant 0$.

Démonstration du lemme . Posons $F = K'$ dans le premier cas et $F = K$ dans le second cas de 4.2. Il suffit de vérifier que $F \otimes \mathcal{C}^+(N)^i$ est acyclique car F/R est fidèlement plate. Comme $F \otimes \mathcal{C}^+(N)$ est le noyau de $1 \otimes \phi : F \otimes \mathcal{C}^+(K/R) \to F \otimes \mathcal{C}^+(K'/R)$ on peut identifier $F \otimes \mathcal{C}^+(N)$ avec $\mathcal{C}^+(M)$ où $M = \mathrm{Ker}(F \otimes K' \xrightarrow{1 \otimes \phi} F \otimes K) = F \otimes N$. De même $F \otimes \mathcal{C}^+(N)^i$ s'identifie à $\mathcal{C}^+(M)^i$. Le plongement $\varepsilon_2 : F \to F \otimes K$, $\varepsilon_2(f) = f \otimes 1$, possède la section $\phi' : F \otimes K \to K$ donnée dans le premier cas par $1 \otimes \phi$ suivi de la multiplication dans K'. et dans le second par $1 \otimes \phi$ suivi de la multiplication dans K . Si $\varepsilon_2 \circ \phi'(M^i) \subset M^i$, il est facile de construire une homotopie contractante s dans $\mathcal{C}^+(M)^i$. Pour $i=0$, on a $s:(F \otimes K)^{(p)} \to (F \otimes K)^{(p-1)}$ définie par $s(f_1 \otimes \ldots \otimes f_p) = \phi'(f_1)f_2 \otimes \ldots \otimes f_p$ (voir II.2.1). Soit maintenant $f_1 \otimes \ldots \otimes f_p$ dans $\mathcal{C}^+(M)^i$, $i \geqslant 0$; on a donc $f_k \in M^{j(k)}$ avec $\sum j(k) \geqslant i$. Mais alors $\phi'(f_1)f_2 = (\varepsilon_2 \circ \phi')(f_1)f_2 \in M^{j(1)+j(2)}$ et $s(f_1 \otimes \ldots \otimes f_p) \in M_{p-1}^i$, donc $s(M_p^i) \subset M_{p-1}^i$. L'application s utilisée pour $i = 0$ définit donc aussi une homotopie contractante pour $\mathcal{C}^+(M)^i$. Il reste à vérifier que $(\varepsilon_2 \circ \phi')(M^i) \subset M^i$; c'est évident dans le premier cas, car $M^i = (K' \otimes N)^i = K' \otimes N^i$ et

$\phi'(M^i) = K'\phi(N^i) \subset K'\phi(N) = 0$ et dans le second cas, $(K \otimes N_o K)^i = K \otimes N_o^i K$ d'où $\phi'(M^i) = N_o^i \phi'(K \otimes K) = N_o^i K$ et $(\varepsilon_2 \circ \phi')(M^i) = N_o^i K \otimes K \subset M^i$.

Retour à la démonstration de la proposition . Tout comme dans le cas additif, définissons dans le cas multiplicatif une suite de complexes

$$\mathcal{C}(K/R) = \mathcal{C}(N)^o \supset \mathcal{C}(N) \supset \mathcal{C}(N)^2 \supset \ldots$$

Le p-ième terme de $\mathcal{C}(N)^i$ est le groupe multiplicatif $1 + N_p^i$ où N_p^i est le groupe défini au début de la démonstration. Pour $i = 1$, on obtient bien le noyau $\mathcal{C}(N)$ de $\mathcal{C}(K/R) \to \mathcal{C}(K'/R)$ car une unité x de $K^{(p+1)}$ va en 1 si et seulement si $x - 1$ va en zéro. On vérifie facilement que les $\mathcal{C}(N)^i$ sont des complexes. Définissons alors un isomorphisme de complexes

$$\mathcal{C}(N)^i/\mathcal{C}(N)^{i+1} \xrightarrow{\sim} \mathcal{C}^+(N)^i/\mathcal{C}^+(N)^{i+1} \quad \text{pour} \quad i \geqslant 1$$

en envoyant $1 + n$ sur n , $n \in N_p^i$. En effet, si n et $m \in N_p^i$, on a $(1+m)(1+n) \in 1 + (m+n) + N_p^{i+1}$, d'où l'isomorphisme $(1+N_p^i)/(1+N_p^{i+1}) \sim N_p^i/N_p^{i+1}$. Le fait que cette application commute avec les cobords se vérifie facilement. L'acyclicité de $\mathcal{C}^+(N)^i$ entraîne celle de $\mathcal{C}^+(N)^i/\mathcal{C}^+(N)^{i+1}$ par la longue suite de cohomologie associée à la suite exacte

$$0 \to \mathcal{C}^+(N)^{i+1} \to \mathcal{C}^+(N)^i \to \mathcal{C}^+(N)^i/\mathcal{C}^+(N)^{i+1} \to 0 \quad .$$

L'acyclicité de $\mathcal{C}(N)^i/\mathcal{C}(N)^{i+1}$ implique alors que $H^p(\mathcal{C}(N)^i) \sim H^p(\mathcal{C}(N)^{i+1})$ pour tout p et $i \geqslant 1$. Puisque N est nilpotent, il existe pour tout p , une entier j tel que $1 + N_p^j = \{1\}$, donc tel que $H^p(\mathcal{C}(N)^j) = 0$. On en conclut que $H^p(\mathcal{C}(N)) = 0$ pour tout p . La suite de cohomologie associée à

$$1 \to \mathcal{C}(N) \to \mathcal{C}(K/R) \to \mathcal{C}(K'/R) \to 0$$

donne finalement l'isomorphisme cherché $H^p(K/R) \sim H^p(K'/R)$.

Corollaire 4.4 . Soit K (respectivement K') une algèbre commutative fidèlement plate sur R (respectivement R') et soit $\phi : K \to K'$ un homomorphisme surjectif d'anneaux tel que $\phi(R) \subset R'$. Si le noyau N de ϕ est nilpotent, ϕ induit pour tout $p \geq 0$, un isomorphisme $H^p(K/R) \xrightarrow{\sim} H^p(K'/R')$.

Démonstration . On décompose ϕ en $K \xrightarrow{1\otimes\phi} K \otimes_R R' \xrightarrow{\phi\otimes 1} K'$. La deuxième application vérifie 1) et la première vérifie 2) avec $N_o = N \cap R$.

Corollaire 4.5 . Soient F une K-algèbre, K une R-algèbre telles que F soit fidèlement plate sur K et sur R . Si le noyau de la multiplication de K , $K^{(n)} \to K$, est nilpotent pour tout n , il existe alors une longue suite exacte

$$\ldots \to H^{p-1}(F/K) \to H^p(K/R) \to H^p(F/R) \to H^p(F/K) \to \ldots$$

Démonstration . Le noyau de la multiplication $K \otimes F \to F$ est nilpotent, d'où un isomorphisme $H^p(K \otimes F/K) \xrightarrow{\sim} H^p(F/K)$ d'après 4.2 . Le résultat suit alors de 4.1 .

Passons enfin à la démonstration de 4.1 :

Notons $E_o^{p,q}$ le groupe des unités de $K^{(p)} \otimes F^{(q)}$ pour $p,q \geq 0$. Pour $p,q < 0$, posons $E_o^{p,q} = 0$. Si on fixe p et on laisse q varier, on obtient $E_o^{p,q} = \mathcal{C}^q(K^{(p)} \otimes F/K^{(p)})$, ce qui définit un bord $\Delta_K^{p,q} : E_o^{p,q} \to E_o^{p,q+1}$. De façon analogue, on définit $\Delta_F^{p,q} : E_o^{p,q} \to E_o^{p+1,q}$. Ces deux opérateurs font de $E_o^{p,q}$ un double complexe. Sur le complexe total $E^k = \sum_{p+q=k+1} E_o^{p,q}$, le bord est défini par $\Delta^k = \sum(\Delta_K^{p,q} + (-1)^p \Delta_F^{p,q})$. Notons $H^k(F,K;R)$ l'homologie de ce complexe. On peut associer au double complexe deux suites spectrales qui convergent vers $H^k(F,K;R)$. Les termes E_1 s'obtiennent comme homologie des complexes $(E_o^{p,q}, \Delta_K^{p,q})$ et $(E_o^{p,q}, \Delta_F^{p,q})$. Pour la première, on a donc

$$'E_1^{p,q} = H^{q-1}(K^p \otimes F/K^p)$$

et pour la seconde

$$''E_1^{p,q} = H^{p-1}(K \otimes F^q/F^q) .$$

Le terme $'E_2^{p,q}$ s'obtient comme p-ième groupe de cohomologie du complexe $'E_1^{p,q}$ avec le bord $\bar{\Delta}_F^{p,q}$ induit par $\Delta_F^{p,q}$. On obtient $''E_2^{p,q}$ en prenant le bord $\bar{\Delta}_K^{p,q}$ induit par $\Delta_K^{p,q}$. Remarquons que $'E_2^{0,q+1}$ est le noyau de ρ_K car $\Delta_F^{0,q+1}$ est précisément l'application $F^{(q+1)} \to K \otimes F^{(q+1)}$ qui induit ρ_K et $'E_1^{-1,q+1} = 0$. Montrons maintenant que $'E_2^{p,q} = 0$ pour $p > 1$. Le diagramme

$$\begin{array}{ccc} K^{(p)} \otimes F^{(q)} & \xrightarrow{m} & K \otimes F^{(q)} \\ \varepsilon_i \otimes 1 \big\downarrow & & \big\| \\ K^{(p+1)} \otimes F^{(q)} & \xrightarrow[m]{} & K \otimes F^{(q)} \end{array}$$

où m est la multiplication, commute de façon évidente. En prenant l'homologie par rapport à Δ_K et en faisant la somme alternée des ε_i on obtient un diagramme commutatif

$$\begin{array}{ccc} 'E_1^{p,q} & \xrightarrow[\sim]{\theta^{p,q}} & 'E_1^{1,q} \\ \bar{\Delta}_F^{p,q} \big\downarrow & & \big\downarrow d_p \\ 'E_1^{p+1,q} & \xrightarrow[\sim]{} & 'E_1^{1,q} \end{array}$$

où $\theta^{p,q} : H^{q-1}(K^{(p)} \otimes F/K^{(p)}) \to H^{q-1}(K \otimes F/K)$, induit par la multiplication, est un isomorphisme (4.4). Quant à d_p , c'est une somme alternée d'applications identiques, donc $d_p = 0$ si p est pair et $d_p = 1$ si p est impair. Ainsi le complexe $\{'E_1^{p,q}, \bar{\Delta}_F^{p,q}\}$ est isomorphe au complexe

$$0 \to {'E_1^{0,q}} \xrightarrow[=\rho_{q-1}]{\bar{\Delta}_F^{0,q}} {'E_1^{1,q}} \xrightarrow{1} {'E_1^{1,q}} \xrightarrow{0} {'E_1^{1,q}} \xrightarrow{1} \cdots$$

qui est acyclique en dimension >1 . On a donc ${'E_2^{p,q}} = 0$ pour $p \neq 0,1$. Il suit de cela que ${'E_\infty^{p,q}} = {'E_2^{p,q}}$ et que la filtration de $H^n(K,F;R)$ n'a que deux termes, d'où la famille de suites exactes

$$0 \to {'E_2^{1,q}} \to H^q(K,F;R) \to {'E_2^{0,q+1}} \to 0 \ .$$

On sait déjà que ${'E_2^{0,q+1}} = \mathrm{Ker}(\rho_q)$. Montrons encore que ${'E_2^{1,q}} = \mathrm{coker}(\rho_{q-1})$: de $d_1 = 0$, il suit que $\bar{\Delta}_F^{1,q} = 0$, donc que ${'E_2^{1,q}} = {'E_1^{1,q}}/\mathrm{Im}\bar{\Delta}_F^{0,q} = \mathrm{coker}(\rho_{q-1})$. On peut donc combiner ces suites exactes courtes en une longue suite exacte

$$\cdots \to H^{q-1}(K \otimes F/K) \to H^q(K,F;R) \to H^q(F/R) \to H^q(K \otimes F/K) \to \cdots$$

Il reste à démontrer que $H^q(K,F;R) \simeq H^q(K/R)$ pour tout q . L'application $u_p : K^{(p)} \otimes F^{(Q)} \to K^{(p-1)} \otimes F^{(q)}$ définie par $u_p(k_1 \otimes \ldots \otimes k_p \otimes f_1 \otimes \ldots \otimes f_q) = (k_1 \otimes \ldots \otimes k_p f_1 \otimes \ldots \otimes f_q)^{(-1)^p}$ est une contraction homotopique de $\mathcal{C}(K \otimes F^{(q)}/F^{(q)})$, c'est-à-dire que $u_{p-1}\Delta_F^{p,q} + \Delta_F^{p+1,q}u_p = \mathrm{Id}$. Il en suit que l'homologie de $\mathcal{C}(K \otimes F^{(q)}/F^{(q)})$ est nulle pour $q \geq 1$, donc que $H^p(K,F;R) \sim {''E_\infty^{p+1,0}} \simeq {''E_1^{p+1,0}} = H^p(K/R)$.

§5 Le théorème de Berkson

Soit R un anneau commutatif de caractéristique p , p un nombre premier.

Théorème 5.1 . Soit K une R-algèbre commutative telle que

1) K soit de type fini comme R-algèbre
2) K soit fidèlement plate sur R
3) il existe un entier m tel que $K^{p^m} \subset R$.

Alors $H^n(K/R) = 0$ pour tout entier $n \geqslant 3$.

Démonstration . Cette démonstration est due à Zelinsky. Soient $\xi_1,\ldots,\xi_r$ des générateurs de K comme R-algèbre. Les éléments $\xi_i^{p^m} = a_i$ appartiennent à R . Si $R[X_1,\ldots,X_r]$ est l'anneau des polynômes en r variables sur R , on définit un homomorphisme surjectif de R-algèbres $\phi : R[X_1,\ldots,X_r]/(X_1^{p^m}-a_1,\ldots,X_r^{p^m}-a_r) \to K$ en posant $\phi(x_i) = \xi_i$; x_i désigne la classe de X_i . Si $f(x_1,\ldots,x_r)$ appartient au noyau de ϕ , on a $(f(x_1,\ldots,x_n))^{p^m} = (f(\xi_1,\ldots,\xi_r)^{p^m} =$ et par conséquent le noyau de ϕ est nilpotent. Puisque K est fidèlement plate sur R , il suit de 4.2.1), qu'il suffit de démontrer le théorème pour $K = R[X_1,\ldots,X_r]/(X_1^{p^m}-a_1,\ldots,X_r^{p^m}-a_r)$. K s'obtient alors comme suite finie d'extension

$$R = K_o \subset K_1 \subset K_2 \subset \ldots \subset K_s = K$$

de la forme $K_i = K_{i-1}[X]/(X^p-b)$. La suite exacte 4.5 appliquée à $R \subset K_i \subset K_{i+1}$

$$H^n(K_i/R) \to H^n(K_{i+1}/R) \to H^n(K_{i+1}/K_i)$$

permet donc de se ramener par induction au cas $K = R[X]/(X^p-a)$. Notons x l'image de X dans K . Il est clair que K est une extension radicielle de hauteur un (voir par exemple II.6.9) et sa p-algèbre de Lie de R-dérivations est libre de rang un sur K, avec le générateur $d = \frac{\partial}{\partial x}$. Pour toute K-algèbre commutative S, d induit une S-dérivation $D : S \otimes K \to S \otimes K$ par $D(s \otimes a) = s \otimes d(a)$. A l'aide de D, on construit deux homomorphismes de groupes

$$\delta : U(S \otimes K) \to S \otimes K \quad \text{et} \quad \zeta : S \otimes K \to S$$

en posant $\delta(u) = \frac{D(u)}{u}$ et $\zeta(v) = D^{p-1}(v) + v^p$. Bornons-nous à vérifier que l'image de ζ est bien contenue dans S :
$\zeta(s \otimes c) = s \otimes d^{p-1}(c) + s^p \otimes c^p = sd^{p-1}(c) + s^p \cdot c^p$ car $c^p \in R$ et puisque $d(d^{p-1}(c)) = d^p(c) = 0$, $d^{p-1}(c) \in R$ (II.5.4).

Lemme 5.2 . Pour toute K-algèbre commutative S, plate comme K-module, la suite

$$1 \to U(S) \xrightarrow{\iota} U(S \otimes K) \xrightarrow{\delta} S \otimes K \xrightarrow{\zeta} S \to 0$$

où $i(s) = s \otimes 1$, est exacte.

Démonstration du lemme . Puisque S est plat sur K et K est plat sur R, il est clair que ι est injectif. D'autre-part, toujours par platitude, $\mathrm{Ker}(D) = S \otimes \mathrm{Ker}(d) = S \otimes R = S$, d'où l'exactitude en $U(S \otimes K)$. Montrons que ζ est surjectif: si $y \in S$, on a $\zeta u = y$ avec $u = (y \otimes 1)[(x')^{p-1} \otimes 1 - 1 \otimes x^{p-1}]$ où x' dénote l'image de x dans S. En effet, on a $u^p = 0$ et $D^{p-1}u = y \otimes 1$ car $(p-1)! \equiv -1(p)$ (Théorème de Wilson!). L'exactitude en $S \otimes K$ est la conséquence immédiate des deux résultats suivants:

1) $\mathrm{Im}(\delta) = \{z \in S \otimes K \mid (D+z)^p = 0 \text{ dans } \mathrm{End}_S(S \otimes K)\}$

2) $(D+z)^p = D^{p-1}(z) + z^p$ dans $\mathrm{End}_S(S \otimes K)$, $z \in S \otimes K$ opérant dans $\mathrm{End}_S(S \otimes K)$ par multiplication.

2) se calcule à l'aide d'une identité due à Jacobson (voir Cartier [C]

p. 201). Nous nous limiterons à vérifier 1). Si $z = \delta u$, on a $D + z = D + \frac{D(u)}{u} = u^{-1}(uD+D(u)) = u^{-1}Du$ dans $\mathrm{End}_S(S\otimes K)$, donc $(D+z)^p = u^{-1}D^p u = 0$ car $D^p = 0$. Inversément, soit z tel que $(D+z)^p = 0$ dans $\mathrm{End}_S(S\otimes P)$. Soit $\Delta_R(K,g)$ le produit croisé de K avec g (II.6.1). Vu la forme très simple de K , c'est simplement l'anneau des polynômes non commutatifs en d sur K modulo les relations $d\cdot y = y\cdot d + d(y)$, $y\in K$, et $d^p = 0$. Définissons une structure de $\Delta_R(K,g)$-module sur $S\otimes K$ en faisant agir d via $D + z$. D'après II.6.6 , $\Delta_R(K,g)$ est $\mathrm{End}_R(K)$; posons $\mathrm{End}_R(K) = \Omega$. Par Morita on a donc $S\otimes K \simeq \mathrm{Hom}_\Omega(K,S\otimes K)\otimes K$. Tout élément $f\in \mathrm{Hom}_\Omega(K,S\otimes K)$ est déterminé par sa valeur sur $1\in K$; puisque $(df)(1) = f(d(1)) = 0$ et que d opère sur $S\otimes K$ via $D + z$, on a $(D+z)f = 0$ et par conséquent $\mathrm{Hom}_\Omega(K,S\otimes K) = \mathrm{Ker}(D+z)$. Il en suit que $S\otimes K = \mathrm{Ker}(D+z)\otimes K = \mathrm{Ker}(D+z)\cdot K$. Montrons qu'alors $U(S\otimes K)\cap \mathrm{Ker}(D+z) \neq \emptyset$: on peut écrire $1 = \sum u_i(1\otimes c_i)$ avec $u_i\in \mathrm{Ker}(D+z)$ et $c_i\in K$. Soit c_i' l'image de c_i dans S ; dans l'égalité $\sum u_i(c_i'\otimes 1) = 1 + \sum u_i[c_i'\otimes 1 - 1\otimes c_i]$, le membre de gauche appartient à $\mathrm{Ker}(D+z)$ et le membre de droite est une unité car c'est la somme de 1 et d'un élément nilpotent. Soit maintenant $u\in U(S\otimes K)$ tel que $u^{-1} = v\in \mathrm{Ker}(D+z)$. De $(D+z)v = 0$ suit $z = -\frac{D(v)}{v}$ mais $-\frac{D(v)}{v} = \frac{D(u)}{u} = \delta(u)$ car $\frac{D(u)}{u} + \frac{D(v)}{v} = \frac{D(uv)}{uv} = D(1) = 0$, d'où le résultat.

<u>Retour à la démonstration du théorème</u> . Si l'on applique la suite exacte du lemme à $S = K^{(n)} = K\otimes\ldots\otimes K$ (n facteurs)

$$1 \to U(K^{(m)}) \xrightarrow{\iota_m} U(K^{(m)}\otimes K) \xrightarrow{\delta_m} K^{(m)}\otimes K \to K^{(m)} \to 0 ,$$

on obtient une suite exacte de complexes d'Amitsur

$$1 \to \mathcal{C}(K/R) \xrightarrow{\iota} \mathcal{C}(K\otimes K/K) \xrightarrow{\delta} \mathcal{C}^+(K\otimes K/K) \xrightarrow{\zeta} \mathcal{C}^+(K/R) \to 0 .$$

En effet les applications commutent avec les opérateurs cobords. Pour ι_m c'est clair. Si $u \in U(K^{(m)} \otimes K)$, on a

$$\delta_{m+1}\Delta_m U = \delta_{m+1}(\prod \varepsilon_i(u)^{(-1)^{i+1}}) = \sum(-1)^{i+1}\delta_{m+1}(\varepsilon_i u)$$

$$= \sum(-1)^{i+1}\varepsilon_i(\delta_m u) = \Delta_m^+\delta_m u$$

et si $u \in K^{(m)} \otimes K$, on a

$$\zeta_{m+1}\Delta_m^+ u = \zeta_{m+1}(\sum(-1)^{i+1}\varepsilon_i(u)) = \sum(-1)^{i+1}\zeta_{m+1}\varepsilon_i(x \otimes a)$$

$$= \sum(-1)^{i+1}\varepsilon_i(\zeta_m(u)) = \Delta_m^+\zeta_m(u) .$$

Décomposons cette suite exacte de complexes en deux suites exactes courtes

$$1 \to \mathcal{C}(K/R) \to \mathcal{C}(K \otimes K/K) \to \mathrm{Im}(\delta) \to 1$$

$$0 \to \mathrm{Ker}(\zeta) \to \mathcal{C}^+(K \otimes K/K) \to \mathcal{C}^+(K/R) \to 0$$

et passons aux longues suites de cohomologie correspondantes

$$\ldots \to H^{n-1}(\mathrm{Im}(\delta)) \to H^n(K/R) \to H^n(K \otimes K/K) \to H^n(\mathrm{Im}(\delta)) \to \ldots$$

$$\ldots \to H^{n-1}(\mathcal{C}^+(K/R)) \to H^n(\mathrm{Ker}(\zeta)) \to H^n(\mathcal{C}^+(K \otimes K/K)) \to H^n(\mathcal{C}^+(K/R)) \to \ldots$$

Puisque K est fidèlement plat sur R , il suit de 1.1 que $H^n(\mathcal{C}^+(K/R)) = H^n(\mathcal{C}^+(K \otimes K/K)) = 0$ pour $n \geq 1$, donc que $H^n(\mathrm{Ker}(\zeta)) = H^n(\mathrm{Im}(\delta)) = 0$ pour $n \geq 2$ et finalement que $H^n(K/R) \cong H^n(K \otimes K/K)$ pour $n \geq 3$. Le résultat suit alors du fait que le noyau de la multiplication $K \otimes K \to K$ est nilpotent, car alors $H^n(K \otimes K/K) \cong H^n(K/K) = 0$.

<u>Remarque 5.3</u> . On obtient également que $H^2(K/R) \cong H^1(\mathrm{Ker}(\zeta)) \cong R/\zeta K$ où $\zeta K = \{D^{p-1}(c) + c^p , c \in K\}$ pour une extension de la forme $K = R[X]/(x^p - a)$.

§6 Une généralisation d'un théorème de Hochschild

Sauf mention explicite, R dénotera un anneau commutatif de caractéristique p, p étant un nombre premier. Le théorème suivant est dû à Hochschild ($[H]_2$, Th. 5) pour une extension de corps:

Théorème 6.1 . Pour toute extension $R \subset K$ telle que $K^{p^m} \subset R$ pour un entier m et telle que K soit un R-module projectif de type fini, l'homomorphisme $Br(R) \rightarrow Br(K)$ est surjectif.

Nous utiliserons le lemme suivant dans la démonstration.

Lemme 6.2 . Soient A une K-algèbre d'Azumaya, $\mu : S' \rightarrow S$ un homomorphisme surjectif de K-algèbres commutatives, à noyau nilpotent et $\sigma : A \otimes_K S \xrightarrow{\sim} End_S(P)$ une neutralisation de A. Alors, si S' est fidèlement plate sur K, il existe une neutralisation (S',P',σ') qui relève (S,P,σ), c'est-à-dire telle que $P \sim P' \otimes_{S'} S$ et $\sigma = \sigma' \otimes_{S'} 1_S$. Si, de plus (S,P,σ) est bonne, (S',P',σ') l'est aussi.

Démonstration du lemme . Posons, pour simplifier, $B = A \otimes_K S$ et $B' = A \otimes_K S'$. L'isomorphisme σ définit une structure de B-module sur P et d'après la théorie de Morita (I.§6) P est lui-même un B-module fidèlement projectif. Or le noyau de $\mu : S' \rightarrow S$ étant nilpotent et B' finie sur S', le noyau de $1_A \otimes \mu : B' \rightarrow B$ est aussi nilpotent. Il existe donc (Bass, $[B]_2$ II.2.12) un B'-module fidèlement projectif P' tel que $P \cong B \otimes_{B'} P' \cong P' \otimes_{S'} S$. Si $\sigma' : B' \rightarrow End_{S'}(P')$ est l'homomorphisme de S'-algèbres défini par la structure de B'-module sur P', σ' relève σ et est par conséquent un isomorphisme (Bass $[B]_2$ II.2.12). Puisque B' est fidèlement projectif sur S', P' est un S'-module fidèlement projectif et $\sigma' : A \otimes_K S' \xrightarrow{\sim} End_{S'}(P')$ est une neutralisation. On vérifie comme dans la démonstration de 3.1 que c'est une bonne neutralisation si σ est bonne.

Démonstration du théorème . Soit A une K-algèbre d'Azumaya et soit (S,P,σ,ϕ,f) une bonne neutralisation pour A (voir le §2 pour les notations). Notons S' la K-algèbre $K\otimes_R S$ où K opère sur le premier facteur et soit $\mu : S' \to S$ la multiplication dans S . Le noyau de μ est nilpotent, car le noyau de la multiplication $K\otimes K \to K$ est nilpotent et est de type fini en tant que $1\otimes K$-module. D'après le lemme 6.2, il existe une bonne neutralisation (S',P',σ',ϕ',f') qui relève (S,P,σ,ϕ,f) . Soit $u = u(\sigma',f') \in U(S'\otimes_K S'\otimes_K S')$ le 2-cocycle associé. Dans la suite 3.1, avec $F = S$, $K\otimes F = S'$,

$$H^2(S/R) \to H^2(S'/K) \to H^3(K/R)$$

on a $H^3(K/R) = 0$, d'après le théorème de Berkson (4.1). On peut donc écrire $u = (1\otimes u_o)\Delta_2(v)$ où u_o est un 2-cocycle de $\mathcal{C}(S/R)$ et $v \in U(S'\otimes_K S')$. A l'application $g = f'v^{-1} : S'\otimes_K P' \to P'\otimes_K S'$ est associé le 2-cocycle $g_2^{-1}g_3g_1 = 1\otimes u_o \in U(K\otimes S\otimes S\otimes S) = U(S'\otimes_K S'\otimes_K S')$. Notons Q le module P' considéré comme S-module seulement et h le $S\otimes S$-isomorphisme donné par g (on oublie l'action de K!). Le S-module Q est fidèlement projectif car K est fidèlement projectif sur R . Si ψ est la conjugaison par h , on a $\psi_2^{-1}\psi_3\psi_1 = 1$ car $h_2^{-1}h_3h_1 = u_o$ est un élément du centre de $End_{S\otimes S\otimes S}(S\otimes S\otimes Q)$. C'est donc une donnée de descente qui définit une R-algèbre d'Azumaya (III.6.6) $A_o = \{x \in End_S(Q) \mid \psi(1\otimes x) = x\otimes 1\}$. Puisqu'à $K\otimes A_o$ est associé le cocycle $1\otimes u_o$, il suit de 2.9 que $[K\otimes A_o] = [A]$ dans $Br(K)$.

On sait que le groupe de Brauer d'un corps Ω de caractéristique p est p-divisible, c'est-à-dire que l'application $.^p : Br(\Omega) \to Br(\Omega)$

induite par $A \mapsto A^{(p)} = A \otimes \ldots \otimes A$ (p facteurs) est surjective (voir par exemple $[RZ]_3$). Grâce au théorème 6.1, nous allons généraliser ce résultat à certains types d'anneaux. Nous utiliserons également le résultat suivant.

<u>Proposition 6.3</u> . Soit R un anneau intègre. La p-ième puissance $\pi : R^{1/p} \to R$, $\pi(x) = x^p$, induit un isomorphisme $\pi_* : Br(R^{1/p}) \to Br(R)$. De plus, pour toute R-algèbre d'Azumaya A , on a $\pi_*[A \otimes R^{1/p}] = A^{(p)}$, c'est-à-dire que la puissance p-ième $.^p : Br(R) \to Br(R)$ se factorise:

$$\begin{array}{ccc} Br(R) & \xrightarrow{\;.^p\;} & Br(R) \\ & \searrow \qquad \nearrow_{\pi_*} & \\ & Br(R^{1/p}) & \end{array}$$

<u>Démonstration</u> . Construisons tout d'abord l'application π_* . Soit A une $R^{1/p}$-algèbre d'Azumaya. Comme nous l'avons déjà fait plusieurs fois, nous pouvons supposer A de rang constant. Soit alors $\sigma : A \otimes S \xrightarrow{\sim} M_n(S)$ une bonne neutralisation de A , avec S un recouvrement étale de $R^{1/p}$. Le $S \otimes S$-automorphisme $\phi : M_n(S \otimes_{R^{1/p}} S) \to M_n(S \otimes_{R^{1/p}} S)$ transplanté du "switch" (voir §2) est ainsi donné par la conjugaison par $f \in U(M_n(S \otimes_{R^{1/p}} S))$. Soit f^p la matrice obtenue à partir de f en élevant chaque coefficient à la puissance p-ième. Il est clair que $f^p \in U(M_n(S^p \otimes S^p))$ induit par conjugaison une donnée de descente de S^p sur R . Mais si $S/R^{1/p}$ est un recouvrement étale, S^p/R est également un recouvrement étale, on obtient donc par descente une R-algèbre d'Azumaya que l'on notera A^p . On vérifie de façon habituelle, en utilisant 2.9 que A^p ne dépend pas du choix de S , que π_* défini par $[A] \mapsto [A^p]$ est un homomorphisme de groupes bien défini. Le fait que π_* est un isomorphisme provient du fait que si S/R est étale, on

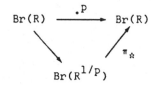

peut tirer les racines p-ièmes dans S de façon univoque. En effet, d'après 3.2, on peut écrire $S^{1/p} = S \otimes R^{1/p}$. La dernière assertion de la proposition provient du fait que $A^{(p)}$ et A^p ont même image dans $H^2(R)$.

Dans la définition et la proposition qui suivent, il n'est pas nécessaire de supposer R de caractéristique p .

Un anneau intègre R est appelé <u>japonais</u> si pour toute extension finie L' de son corps de fractions L , la fermeture intégrale de R dans L' est un R-module de type fini. On dit que R est <u>universellement japonais</u> si toute R-algèbre intègre de type fini est un anneau japonais. D'après Nagata, tout anneau de Dedekind de caractéristique zéro, tout anneau local noethérien complet est universellement japonais (voir [EGA], Chap. IV, 7.7.4).

Notons dim R la dimension de Krull de R (voir par ex. $[Ba]_1$ p. 100).

<u>Proposition 6.4</u> . Soit R un anneau japonais régulier tel que dim R $\leqslant$ 2 . Alors pour toute extension finie L' du corps de fractions L de R , la fermeture intégrale R' de R dans L' est un R-module projectif de type fini.

<u>Démonstration</u> . On peut supposer que R est local. L'anneau R' est intégralement clos et dim R' $\leqslant$ 2 . Il suit alors de EGA 0.16.5.1. que R' est un anneau de Cohen-Macaulay. D'où le résultat par EGA 0.17.3.5.

<u>Théorème 6.5</u> . Soit R un anneau régulier japonais de caractéristique p , p un entier premier, tel que dim R $\leqslant$ 2 . Alors le groupe Br(R) est p-divisible.

<u>Démonstration</u> . D'après 6.3, il suffit de vérifier que l'application $Br(R) \to Br(R^{1/p})$ définie par l'extension des scalaires $R \subset R^{1/p}$, est surjective. Soit A une $R^{1/p}$-algèbre d'Azumaya. Puisque $R^{1/p}$ est limite injective de sous-anneaux de la forme $R[a_1,\ldots,a_n]$ avec $a_i^p \in R$ et que A est finie sur $R^{1/p}$, il existe un tel anneau $R[a_1,\ldots,a_n] = R_o$ et une R'-algèbre d'Azumaya A_o telle que $A_o \otimes_{R_o} R^{1/p} = A$ (comparer avec III. 5.7). Soit R' la fermeture intégrale de R dans l'anneau de fractions L_o de R_o . Puisque R_o est évidemment intègre sur R , $R_o \subset R'$. De plus il suit de 6.4 que R' est projectif de type fini comme R-module. Il résulte alors du théorème 6.1 que $Br(R) \to Br(R')$ est surjectif, d'où l'existence d'une R-algèbre d'Azumaya B telle que $[B \otimes R^{1/p}] = [A]$.

VI. REMARQUES ET SOURCES

Chap. I

§1 Les modules projectifs sont étudiés dans tous les livres de K-théorie algébrique, par exemple dans $[Ba]_2$.

§2,§3 La source principale est l'algèbre commutative $[B]_2$, Chap. I et II de Bourbaki. 2.4 appartient au folklore.

§4 4.1. dans cette généralité se trouve par exemple dans Bass, $[Ba]_1$ p. 90, 4.3 est bien connu, 4.2 et 4.4 ne seront utilisés qu'en descente fidèlement projective.

§5 Voir Macdonald [M] ou [EGA]. On trouve une description des topologies de Grothendieck dans Shatz [Sh] Chap. VI .

§6 Voir Bass $[Ba]_2$, Chap. III, §7 ou Bourbaki $[B]_2$.

§7 Voir Bass $[Ba]_2$, chap. II .

Chap. II

§2,§3 Voir Grothendieck $[Gr]_1$, [SGA], Exposé VIII ou encore Artin $[A]_1$. Remarquons que 3.1 n'est pas en général formulé explicitement.

§4 Les résultats sont formulés dans $[Gr]_1$.

§5 5.1 se trouve dans $[Gr]_1$. La notion d'extension galoisienne telle que nous l'avons formulée est due à Auslander et Goldman [AG]. 5.6 et 5.9 sortent de [CHR] .

§6 6.4 vient de $[Gr]_1$. Voir Yuan $[Y]_1$ et $[Y]_2$ pour une étude détaillée des extensions radicielles finies de hauteur un .

§7 Les produits différentiels croisés ont été introduits par Hochschild $[H]_1$ sur les corps et par Yuan sur les anneaux $[Y]_2$.

§8 Mêmes sources que §2.

§9 Voir par exemple Serre $[S]_2$ ou Jacobson $[J]_2$.

§10 C'est un démarcage du [7]. Nous avons utilisé quelques résultats de Jacobson $[J]_2$. Lue [Lu] a étudié la cohomologie non-abélienne des algèbres associatives.

Chap. III

§1,§2 Nous avons essentiellement utilisé $[B]_1$, avec quelques simplifications, par exemple dans la démonstration de 2.6 .

§3 Voir Bass $[B]_1$ et aussi De Meyer-Ingraham [DI] . 3.2 est dû à Villamayor et Zelinsky [VZ] . Nous avons supposé la théorie des algèbres semi-simples connue. Voir par exemple $[B]_2$ pour une présentation rapide.

§4 L'implication 1)$\Longrightarrow$2) de 4.7 se trouve dans D.I . Pour la trace, nous avons utilisé la présentation de De Meyer [De] .
4.11 doit faire partie du folklore.

§5 Le travail fondamental a été fait par Auslander et Goldman [AG] . Notre présentation s'inspire de Bass $[B]_1$.

§6 6.1 est dans [AG] ou $[B]_1$. 6.4 est dû à Auslander et Goldman. Voir aussi $[Gr]_2$ p. 59 . 6.6 peut être utilisé pour définir les algèbres d'Azumaya sur les schémas, voir $[Gr]_2$, le groupe de Brauer I

Chap. IV

§1 1.1 se trouve dans $[B]_1$ ou $[B]_2$. 1.2 et 1.3 sont dus à Rosenberg et Zelinsky $[RZ]_2$. 1.4 est implicite dans $[B]_2$. Voir aussi [K].

§2 Cette construction du polynôme caractéristique est suggérée dans $[Gr]_2$ p. 60 . Voir aussi $[KO]_1$.

§3 3.1 a été démontré dans des cas particuliers par Rosenberg et Zelinsky $[RZ]_2$. Le cas général se trouve dans $[KO]_1$; mais la démonstration donnée ici est plus simple que celle de $[KO]_1$.

§4 4.1 nous a été signalé par Fröhlich. Voir aussi Dress [D] .

§6 Grothendieck a donné une démonstration cohomologique 6.1 dans $[Gr]_2$ p. 51 - 52 . Voir aussi $[Gi]_2$ p. 343 . Nous donnons ici une version détaillée de la démonstration dans $[KO]_3$ p. 537 .

Chap. V

§1 La cohomologie d'Amitsur a été introduite dans [Am]. 1.6 provient de [CHR] p. 31 . 1.7 est dû à Amitsur.

§2 2.9 est dû à Grothendieck. La présentation est celle de $[KO]_3$.

§3 Voir $[KO]_3$.

§4 Tout provient directement de Rosenberg et Zelinsky $[RZ]_3$.

§5 Voir [Be] pour la démonstration originale. Voir [Z] ou $[Y]_4$ pour la démonstration que nous donnons.

§6 La démonstration de 6.1 est reproduite de $[KO]_3$. 6.5 généralise (autant que possible !) la démonstration donnée dans $[RZ]_3$ pour les corps

REFERENCES

[Am] S.A. Amitsur, Simple algebras and cohomology groups of arbitrary fields, Trans. Amer. Math. Soc. 90 (1959) 73-112.

$[Ar]_1$ M. Artin, Lectures on commutative algebra, M.I.T.

$[Ar]_2$ M. Artin, On the joins of Hensel rings, Advances in Math. 7 (1971), 282-296.

[AG] M. Auslander and O. Goldman, The Brauer group of a commutative ring, Trans. Amer. Math. Soc. 97 (1960), 367-409.

[AM] M. Atiyah and I.G. Macdonald, Introduction to commutative algebra, Addison-Wesley, Reading, 1969.

[AS] H.P. Allen and M. Sweedler, A theory of linear descent based upon Hopf algebraic techniques, J. Algebra 12, 1969, 242-294.

$[B]_1$ N. Bourbaki, Algèbre, Hermann, Paris. (pour les chap. I,II,II la nouvelle édition).

$[B]_2$ N. Bourbaki, Algèbre commutative, Hermann, Paris.

$[Ba]_1$ H. Bass, Lectures on topics in algebraic K-theory, Tata Notes No 41, Bombay, 1967.

$[Ba]_2$ H. Bass, Algebraic K-theory, Benjamin, New York, 1968.

[Be] A.J. Berkson, On Amitsur's complex and restricted Lie algebras Trans. Amer. Math. Soc. 109 (1963), 430-443.

[Bec] I. Beck, Projective and free modules, Math. Z. 129, (1972), 231-234.

[BK] M. Barr and M.A. Knus, Extensions of derivations, Proc. Amer. Math. Soc. 28 (1971), 313-314.

[C] Cartier, Questions de rationalité des diviseurs en géométrie algébrique, Bull. Soc. Math. France, 86, 1958, 177-251.

[CD] L.N. Childs and F.R. De Meyer, On automorphisms of separable algebras, Pacific J. Math. 23 (1967), 25-34.

[CE] H. Cartan and S. Eilenberg, Homological Algebra, Princeton Math. Series, 19, 1956.

[CF] J.W.S. Cassels and A. Fröhlich, Algebraic Number Theory, Academic Press, London and New York, 1967.

[CHR] S. Chase, D. Harrison and A. Rosenberg, Galois theory and cohomology of commutative rings, Mem. Amer. Math. Soc. 52, 1965.

[Cl] L. Claborn, Specified relations in the ideal group, Mich. Math. J. 15 (1968), 249-255.

[CS] S. Chase and M. Sweedler, Hopf algebras and Galois theory, Springer Lecture Notes 97, 1969.

[D] A. Dress, On the localisation of simple algebras, J. Algebra 11 (1969) 53-55.

[De] F. De Meyer, The trace map and separable algebras, Osaka J. Math. 3 (1966), 7-11.

[DI] F. De Meyer and E. Ingraham, Separable algebras over commutative rings. Springer Lecture Notes 181, 1971.

[EGA] A. Grothendieck et J. Dieudonné, Eléments de géométrie algébrique Publ. Math. I.H.E.S., Paris.

[Gi]$_1$ J. Giraud, Méthode de la descente, Mémoires Soc. Math. Fr. 2 (1964).

[Gi]$_2$ J. Giraud, Cohomologie non abélienne, Springer Grundlehren 179 1971.

[Gr]$_1$ A. Grothendieck, Technique de descente I, Séminaire Bourbaki, Exposé 190 (1959-1960).

[Gr]$_2$ A. Grothendieck, Le groupe de Brauer, I,II,III, dans Dix exposés sur la cohomologie des schémas, Paris : Masson, Amsterdam : North-Holland, 1968.

[H]$_1$ G. Hochschild, Simple algebras with purely inseparable splitting fields of exponent one, Trans. Amer. Math. Soc. 79 (1955) 477-489.

[H]$_2$ G. Hochschild, Restricted Lie algebras and simple associative algebras of characteristic p, Trans. Amer. Math. Soc. 80 (1955 135-147.

[Hoo] R. Hoobler, Cohomology in the finite topology and Brauer group Pacific J. Math. 42 (1972), 667-679.

[J]$_1$ N. Jacobson, Lie algebras, Interscience, New York, 1962.

[J]$_2$ N. Jacobson, Forms of algebras, Yeshiva Sci. Confs 1, (1966), 41-71.

[J]$_3$ N. Jacobson, Lectures in abstract algebra, III, Van Nostrand, Princeton, 1964.

[K] M.A. Knus, Algèbres d'Azumaya et modules projectifs, (Comm. Math. Helv. 45 (1970), 372-383.

[KO]$_1$ M.A. Knus et M. Ojanguren, Sur le polynôme caractéristique et les automorphismes des algèbres d'Azumaya, Ann. Scuola Norm. Sup. Pisa 26, (1972), 225-231.

[KO]$_2$ M.A. Knus et M. Ojanguren, A note on the automorphisms of maximal orders, J. Algebra 22, (1972), 573-577.

[KO]$_3$ M.A. Knus et M. Ojanguren, Sur quelques applications de la théorie de la descente à l'étude du groupe de Brauer, Comm. Math. Helv. 47, (1972), 532-542.

[KO]$_4$ M.A. Knus et M. Ojanguren, A Mayer-Vietoris sequence for the Brauer group, 1973.

[L] S. Lang, Algebra, Addison-Wesley, 1965.

[Lu] A. Lue, Non-abelian cohomology of associative algebras, Quart. J. Math. 19, (1968), 159-180.

[M] I.G. Macdonald, Algebraic geometry, Benjamin, 1968.

[OS] M. Ojanguren and R. R. Sridharan, Cancellation of Azumaya algebras, J. Algebra 18, (1971), 501-505.

[R] M. Raynaud, Anneaux locaux henséliens, Springer Lecture Notes 169, 1970.

[Ra] M.L. Ranga Rao, Semisimple algebras and a cancellation law, preprint, Math, Forschungsinstitut, Zürich, 1973.

[RS] A. Roy and B. Sridharan, Derivations in Azumaya algebras, J. Math. Kyoto Univ. 7, (1967), 161-167.

[RZ]$_1$ A. Rosenberg and D. Zelinsky, On Amitsur's complex, Trans. Amer. Math. Soc. 97, (1960), 327-356.

[RZ]$_2$ A. Rosenberg and D. Zelinsky, Automorphisms of separable algebr Pacific Math. J. 2, (1961), 1107-1117.

[RZ]$_3$ A. Rosenberg and D. Zelinsky, Amitsur's complex for inseparabl fields, Osaka Math. J. 14, (1962), 219-240.

[S] G. Seligman, Modular Lie algebras, Springer Ergebnisse 40, 196

[Sa] P. Samuel, Théorie algébrique des nombres, Hermann, Paris, 196

[Se]$_1$ J.-P. Serre, Groupes algébriques et corps de classes, Paris, Hermann, 1959.

[Se]$_2$ J.-P. Serre, Corps locaux, Paris, Hermann, 1968.

[SGA] Séminaire de géométrie algébrique 1, (1960-61), Springer Lecture Notes 224, 1971.

[Sh] S. Shatz, Profinite groups, arithmetic and geometry, Princeton Studies 67, 1972.

[VZ] O. Villamayor and D. Zelinsky, Galois theory for rings with finitely many impotents, Nagoya Math. J. 27 (1966), 721-731.

[W] A. Weil, Basic number theory, Springer Grundlehren 144, Berlin, 1967.

[Y]$_1$ S. Yuan, Inseparable Galois theory of exponent one, Trans. Amer. Math. Soc. 149 (1970), 163-170.

[Y]$_2$ S. Yuan, Central separable algebras with purely inseparable splitting fields of exponent one, Trans. Amer. Math. Soc. 153, (1971), 427-450.

[Y]$_3$ S. Yuan, Differentiably simple rings of prime charateristic, Duke Math. J. 31 (1964), 623-630.

[Y]$_4$ S. Yuan, On the Brauer groups of local fields, Ann. of Math. (2) 82, (1965), 434-444.

[Z] D. Zelinsky, Berkson's theorem, Israel J. Math. 2, (1964), 205-209.

INDEX

Vol. 215: P. Antonelli, D. Burghelea and P. J. Kahn, The Concordance-Homotopy Groups of Geometric Automorphism Groups. X, 140 pages. 1971. DM 16,-

Vol. 216: H. Maaß, Siegel's Modular Forms and Dirichlet Series. VII, 328 pages. 1971. DM 20,-

Vol. 217: T. J. Jech, Lectures in Set Theory with Particular Emphasis on the Method of Forcing. V, 137 pages. 1971. DM 16,-

Vol. 218: C. P. Schnorr, Zufälligkeit und Wahrscheinlichkeit. IV, 212 Seiten. 1971. DM 20,-

Vol. 219: N. L. Alling and N. Greenleaf, Foundations of the Theory of Klein Surfaces. IX, 117 pages. 1971. DM 16,-

Vol. 220: W. A. Coppel, Disconjugacy. V, 148 pages. 1971. DM 16,-

Vol. 221: P. Gabriel und F. Ulmer, Lokal präsentierbare Kategorien. V, 200 Seiten. 1971. DM 18,-

Vol. 222: C. Meghea, Compactification des Espaces Harmoniques. III, 108 pages. 1971. DM 16,-

Vol. 223: U. Felgner, Models of ZF-Set Theory. VI, 173 pages. 1971 DM 16,-

Vol. 224: Revêtements Etales et Groupe Fondamental. (SGA 1). Dirigé par A. Grothendieck XXII, 447 pages. 1971. DM 30,-

Vol. 225: Théorie des Intersections et Théorème de Riemann-Roch. (SGA 6). Dirigé par P. Berthelot, A. Grothendieck et L. Illusie. XII, 700 pages. 1971. DM 40,-

Vol. 226: Seminar on Potential Theory, II. Edited by H. Bauer. IV, 170 pages. 1971. DM 18,-

Vol. 227: H. L. Montgomery, Topics in Multiplicative Number Theory. IX, 178 pages. 1971. DM 18,-

Vol. 228: Conference on Applications of Numerical Analysis. Edited by J. Ll. Morris. X, 358 pages. 1971. DM 26,-

Vol. 229: J. Väisälä, Lectures on n-Dimensional Quasiconformal Mappings. XIV, 144 pages. 1971. DM 16,-

Vol. 230: L. Waelbroeck, Topological Vector Spaces and Algebras. VII, 158 pages. 1971. DM 16,-

Vol. 231: H. Reiter, L^1-Algebras and Segal Algebras. XI, 113 pages. 1971. DM 16,-

Vol. 232: T. H. Ganelius, Tauberian Remainder Theorems. VI, 75 pages. 1971. DM 16,-

Vol. 233: C. P. Tsokos and W. J. Padgett. Random Integral Equations with Applications to stochastic Systems. VII, 174 pages. 1971. DM 18,-

Vol. 234: A. Andreotti and W. Stoll. Analytic and Algebraic Dependence of Meromorphic Functions. III, 390 pages. 1971. DM 26,-

Vol. 235: Global Differentiable Dynamics. Edited by O. Hájek, A. J. Lohwater, and R. McCann. X, 140 pages. 1971. DM 16,-

Vol. 236: M. Barr, P. A. Grillet, and D. H. van Osdol. Exact Categories and Categories of Sheaves. VII, 239 pages. 1971. DM 20,-

Vol. 237: B. Stenström, Rings and Modules of Quotients. VII, 136 pages. 1971. DM 16,-

Vol. 238: Der kanonische Modul eines Cohen-Macaulay-Rings. Herausgegeben von Jürgen Herzog und Ernst Kunz. VI, 103 Seiten. 1971. DM 16,-

Vol. 239: L. Illusie, Complexe Cotangent et Déformations I. XV, 355 pages. 1971. DM 26,-

Vol. 240: A. Kerber, Representations of Permutation Groups I. VII, 192 pages. 1971. DM 18,-

Vol. 241: S. Kaneyuki, Homogeneous Bounded Domains and Siegel Domains. V, 89 pages. 1971. DM 16,-

Vol. 242: R. R. Coifman et G. Weiss, Analyse Harmonique Non-Commutative sur Certains Espaces. V, 160 pages. 1971. DM 16,-

Vol. 243: Japan-United States Seminar on Ordinary Differential and Functional Equations. Edited by M. Urabe. VIII, 332 pages. 1971. DM 26,-

Vol. 244: Séminaire Bourbaki – vol. 1970/71. Exposés 382-399. IV, 356 pages. 1971. DM 26,-

Vol. 245: D. E. Cohen, Groups of Cohomological Dimension One. V, 99 pages. 1972. DM 16,-

Vol. 246: Lectures on Rings and Modules. Tulane University Ring and Operator Theory Year, 1970–1971. Volume I. X, 661 pages. 1972. DM 40,-

Vol. 247: Lectures on Operator Algebras. Tulane University Ring and Operator Theory Year, 1970–1971. Volume II. XI, 786 pages. 1972. DM 40,-

Vol. 248: Lectures on the Applications of Sheaves to Ring Theory. Tulane University Ring and Operator Theory Year, 1970–1971. Volume III. VIII, 315 pages. 1971. DM 26,-

Vol. 249: Symposium on Algebraic Topology. Edited by P. J. Hilton. VII, 111 pages. 1971. DM 16,-

Vol. 250: B. Jónsson, Topics in Universal Algebra. VI, 220 pages. 1972. DM 20,-

Vol. 251: The Theory of Arithmetic Functions. Edited by A. A. Gioia and D. L. Goldsmith VI, 287 pages. 1972. DM 24,-

Vol. 252: D. A. Stone, Stratified Polyhedra. IX, 193 pages. 1972. DM 18,-

Vol. 253: V. Komkov, Optimal Control Theory for the Damping of Vibrations of Simple Elastic Systems. V, 240 pages. 1972. DM 20,-

Vol. 254: C. U. Jensen, Les Foncteurs Dérivés de $\varprojlim$ et leurs Applications en Théorie des Modules. V, 103 pages. 1972. DM 16,-

Vol. 255: Conference in Mathematical Logic – London '70. Edited by W. Hodges. VIII, 351 pages. 1972. DM 26,-

Vol. 256: C. A. Berenstein and M. A. Dostal, Analytically Uniform Spaces and their Applications to Convolution Equations. VII, 130 pages. 1972. DM 16,-

Vol. 257: R. B. Holmes, A Course on Optimization and Best Approximation. VIII, 233 pages. 1972. DM 20,-

Vol. 258: Séminaire de Probabilités VI. Edited by P. A. Meyer. VI, 253 pages. 1972. DM 22,-

Vol. 259: N. Moulis, Structures de Fredholm sur les Variétés Hilbertiennes. V, 123 pages. 1972. DM 16,-

Vol. 260: R. Godement and H. Jacquet, Zeta Functions of Simple Algebras. IX, 188 pages. 1972. DM 18,-

Vol. 261: A. Guichardet, Symmetric Hilbert Spaces and Related Topics. V, 197 pages. 1972. DM 18,-

Vol. 262: H. G. Zimmer, Computational Problems, Methods, and Results in Algebraic Number Theory. V, 103 pages. 1972. DM 16,-

Vol. 263: T. Parthasarathy, Selection Theorems and their Applications. VII, 101 pages. 1972. DM 16,-

Vol. 264: W. Messing, The Crystals Associated to Barsotti-Tate Groups: With Applications to Abelian Schemes. III, 190 pages. 1972. DM 18,-

Vol. 265: N. Saavedra Rivano, Catégories Tannakiennes. II, 418 pages. 1972. DM 26,-

Vol. 266: Conference on Harmonic Analysis. Edited by D. Gulick and R. L. Lipsman. VI, 323 pages. 1972. DM 24,-

Vol. 267: Numerische Lösung nichtlinearer partieller Differential- und Integro-Differentialgleichungen. Herausgegeben von R. Ansorge und W. Törnig. VI, 339 Seiten. 1972. DM 26,-

Vol. 268: C. G. Simader, On Dirichlet's Boundary Value Problem. IV, 238 pages. 1972. DM 20,-

Vol. 269: Théorie des Topos et Cohomologie Etale des Schémas. (SGA 4). Dirigé par M. Artin, A. Grothendieck et J. L. Verdier. XIX, 525 pages. 1972. DM 50,-

Vol. 270: Théorie des Topos et Cohomologie Etale des Schémas. Tome 2. (SGA 4). Dirigé par M. Artin, A. Grothendieck et J. L. Verdier. V, 418 pages. 1972. DM 50,-

Vol. 271: J. P. May, The Geometry of Iterated Loop Spaces. IX, 175 pages. 1972. DM 18,-

Vol. 272: K. R. Parthasarathy and K. Schmidt, Positive Definite Kernels, Continuous Tensor Products, and Central Limit Theorems of Probability Theory. VI, 107 pages. 1972. DM 16,-

Vol. 273: U. Seip, Kompakt erzeugte Vektorräume und Analysis. IX, 119 Seiten. 1972. DM 16,-

Vol. 274: Toposes, Algebraic Geometry and Logic. Edited by. F. W. Lawvere. VI, 189 pages. 1972. DM 18,-

Vol. 275: Séminaire Pierre Lelong (Analyse) Année 1970–1971. VI, 181 pages. 1972. DM 18,-

Vol. 276: A. Borel, Représentations de Groupes Localement Compacts. V, 98 pages. 1972. DM 16,-

Vol. 277: Séminaire Banach. Edité par C. Houzel. VII, 229 pages. 1972. DM 20,-

Vol. 278: H. Jacquet, Automorphic Forms on GL(2). Part II. XIII, 142 pages. 1972. DM 16,-

Vol. 279: R. Bott, S. Gitler and I. M. James, Lectures on Algebraic and Differential Topology. V, 174 pages. 1972. DM 18,-

Vol. 280: Conference on the Theory of Ordinary and Partial Differential Equations. Edited by W. N. Everitt and B. D. Sleeman. XV, 367 pages. 1972. DM 26,-

Vol. 281: Coherence in Categories. Edited by S. Mac Lane. VII, 235 pages. 1972. DM 20,-

Vol. 282: W. Klingenberg und P. Flaschel, Riemannsche Hilbertmannigfaltigkeiten. Periodische Geodätische. VII, 211 Seiten. 1972. DM 20,-

Vol. 283: L. Illusie, Complexe Cotangent et Déformations II. VII, 304 pages. 1972. DM 24,-

Vol. 284: P. A. Meyer, Martingales and Stochastic Integrals I. VI, 89 pages. 1972. DM 16,-

Vol. 285: P. de la Harpe, Classical Banach-Lie Algebras and Banach-Lie Groups of Operators in Hilbert Space. III, 160 pages. 1972. DM 16,-

Vol. 286: S. Murakami, On Automorphisms of Siegel Domains. V, 95 pages. 1972. DM 16,-

Vol. 287: Hyperfunctions and Pseudo-Differential Equations. Edited by H. Komatsu. VII, 529 pages. 1973. DM 36,-

Vol. 288: Groupes de Monodromie en Géométrie Algébrique. (SGA 7 I). Dirigé par A. Grothendieck. IX, 523 pages. 1972. DM 50,-

Vol. 289: B. Fuglede, Finely Harmonic Functions. III, 188. 1972. DM 18,-

Vol. 290: D. B. Zagier, Equivariant Pontrjagin Classes and Applications to Orbit Spaces. IX, 130 pages. 1972. DM 16,-

Vol. 291: P. Orlik, Seifert Manifolds. VIII, 155 pages. 1972. DM 16,-

Vol. 292: W. D. Wallis, A. P. Street and J. S. Wallis, Combinatorics: Room Squares, Sum-Free Sets, Hadamard Matrices. V, 508 pages. 1972. DM 50,-

Vol. 293: R. A. DeVore, The Approximation of Continuous Functions by Positive Linear Operators. VIII, 289 pages. 1972. DM 24,-

Vol. 294: Stability of Stochastic Dynamical Systems. Edited by R. F. Curtain. IX, 332 pages. 1972. DM 26,-

Vol. 295: C. Dellacherie, Ensembles Analytiques, Capacités, Mesures de Hausdorff. XII, 123 pages. 1972. DM 16,-

Vol. 296: Probability and Information Theory II. Edited by M. Behara, K. Krickeberg and J. Wolfowitz. V, 223 pages. 1973. DM 20,-

Vol. 297: J. Garnett, Analytic Capacity and Measure. IV, 138 pages. 1972. DM 16,-

Vol. 298: Proceedings of the Second Conference on Compact Transformation Groups. Part 1. XIII, 453 pages. 1972. DM 32,-

Vol. 299: Proceedings of the Second Conference on Compact Transformation Groups. Part 2. XIV, 327 pages. 1972. DM 26,-

Vol. 300: P. Eymard, Moyennes Invariantes et Représentations Unitaires. II, 113 pages. 1972. DM 16,-

Vol. 301: F. Pittnauer, Vorlesungen über asymptotische Reihen. VI, 186 Seiten. 1972. DM 18,-

Vol. 302: M. Demazure, Lectures on p-Divisible Groups. V, 98 pages. 1972. DM 16,-

Vol. 303: Graph Theory and Applications. Edited by Y. Alavi, D. R. Lick and A. T. White. IX, 329 pages. 1972. DM 26,-

Vol. 304: A. K. Bousfield and D. M. Kan, Homotopy Limits, Completions and Localizations. V, 348 pages. 1972. DM 26,-

Vol. 305: Théorie des Topos et Cohomologie Etale des Schémas. Tome 3. (SGA 4). Dirigé par M. Artin, A. Grothendieck et J. L. Verdier. VI, 640 pages. 1973. DM 50,-

Vol. 306: H. Luckhardt, Extensional Gödel Functional Interpretation. VI, 161 pages. 1973. DM 18,-

Vol. 307: J. L. Bretagnolle, S. D. Chatterji et P.-A. Meyer, Ecole d'été de Probabilités: Processus Stochastiques. VI, 198 pages. 1973. DM 20,-

Vol. 308: D. Knutson, λ-Rings and the Representation Theory of the Symmetric Group. IV, 203 pages. 1973. DM 20,-

Vol. 309: D. H. Sattinger, Topics in Stability and Bifurcation Theory. VI, 190 pages. 1973. DM 18,-

Vol. 310: B. Iversen, Generic Local Structure of the Morphism Commutative Algebra. IV, 108 pages. 1973. DM 16,-

Vol. 311: Conference on Commutative Algebra. Edited by J. W. Bre and E. A. Rutter. VII, 251 pages. 1973. DM 22,-

Vol. 312: Symposium on Ordinary Differential Equations. Edite W. A. Harris, Jr. and Y. Sibuya. VIII, 204 pages. 1973. DM

Vol. 313: K. Jörgens and J. Weidmann, Spectral Properties of H tonian Operators. III, 140 pages. 1973. DM 16,-

Vol. 314: M. Deuring, Lectures on the Theory of Algebraic Funct of One Variable. VI, 151 pages. 1973. DM 16,-

Vol. 315: K. Bichteler, Integration Theory (with Special Attentic Vector Measures). VI, 357 pages. 1973. DM 26,-

Vol. 316: Symposium on Non-Well-Posed Problems and Logarit Convexity. Edited by R. J. Knops. V, 176 pages. 1973. DM

Vol. 317: Séminaire Bourbaki - vol. 1971/72. Exposés 400-41 361 pages. 1973. DM 26,-

Vol. 318: Recent Advances in Topological Dynamics. Edited b Beck. VIII, 285 pages. 1973. DM 24,-

Vol. 319: Conference on Group Theory. Edited by R. W. Gatter and K. W. Weston. V, 188 pages. 1973. DM 18,-

Vol. 320: Modular Functions of One Variable I. Edited by W. Kuy 195 pages. 1973. DM 18,-

Vol. 321: Séminaire de Probabilités VII. Edité par P. A. Meyer. VI, pages. 1973. DM 26,-

Vol. 322: Nonlinear Problems in the Physical Sciences and Bio Edited by I. Stakgold, D. D. Joseph and D. H. Sattinger. VIII, pages. 1973. DM 26,-

Vol. 323: J. L. Lions, Perturbations Singulières dans les Problè aux Limites et en Contrôle Optimal. XII, 645 pages. 1973. DM

Vol. 324: K. Kreith, Oscillation Theory. VI, 109 pages. 1973. DM

Vol. 325: Ch.-Ch. Chou, La Transformation de Fourier Comple L'Equation de Convolution. IX, 137 pages. 1973. DM 16,-

Vol. 326: A. Robert, Elliptic Curves. VIII, 264 pages. 1973. DM

Vol. 327: E. Matlis, 1-Dimensional Cohen-Macaulay Rings. XII, pages. 1973. DM 18,-

Vol. 328: J. R. Büchi and D. Siefkes, The Monadic Second O Theory of All Countable Ordinals. VI, 217 pages. 1973. DM

Vol. 329: W. Trebels, Multipliers for (C, α)-Bounded Fourier Ex sions in Banach Spaces and Approximation Theory. VII, 103 pa 1973. DM 16,-

Vol. 330: Proceedings of the Second Japan-USSR Symposiur Probability Theory. Edited by G. Maruyama and Yu. V. Prokh VI, 550 pages. 1973. DM 36,-

Vol. 331: Summer School on Topological Vector Spaces. Edite L. Waelbroeck. VI, 226 pages. 1973. DM 20,-

Vol. 332: Séminaire Pierre Lelong (Analyse) Année 1971-1972. V pages. 1973. DM 16,-

Vol. 333: Numerische, insbesondere approximationstheoretische handlung von Funktionalgleichungen. Herausgegeben von R. sorge und W. Törnig. VI, 296 Seiten. 1973. DM 24,-

Vol. 334: F. Schweiger, The Metrical Theory of Jacobi-Perron A rithm. V, 111 pages. 1973. DM 16,-

Vol. 335: H. Huck, R. Roitzsch, U. Simon, W. Vortisch, R. Walde Wegner und W. Wendland, Beweismethoden der Differentialgeo trie im Großen. IX, 159 Seiten. 1973. DM 18,-

Vol. 336: L'Analyse Harmonique dans le Domaine Complexe. E par E. J. Akutowicz. VIII, 169 pages. 1973. DM 18,-

Vol. 337: Cambridge Summer School in Mathematical Logic. Ec by A. R. D. Mathias and H. Rogers. IX, 660 pages. 1973. DM

Vol. 338: J. Lindenstrauss and L. Tzafriri, Classical Banach Spa IX, 243 pages. 1973. DM 22,-

Vol. 339: G. Kempf, F. Knudsen, D. Mumford and B. Saint-Do Toroidal Embeddings I. VIII, 209 pages. 1973. DM 20,-

Vol. 340: Groupes de Monodromie en Géométrie Algébri (SGA 7 II). Par P. Deligne et N. Katz. X, 438 pages. 1973. DM

Vol. 341: Algebraic K-Theory I, Higher K-Theories. Editec H. Bass. XV, 335 pages. 1973. DM 26,-

Vol. 342: Algebraic K-Theory II, "Classical" Algebraic K-The and Connections with Arithmetic. Edited by H. Bass. XV, pages. 1973. DM 36,-